AF503600
AF503600

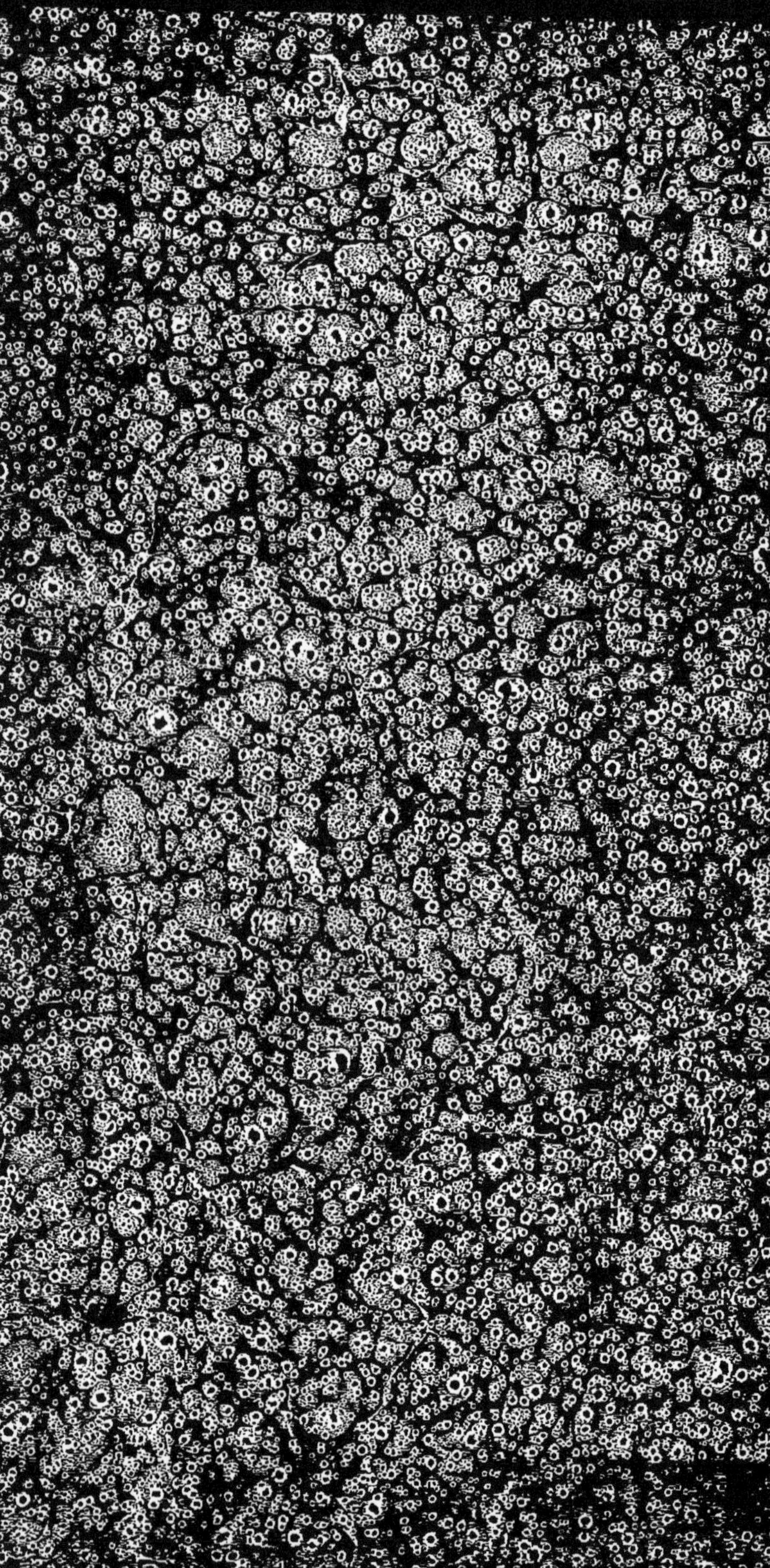

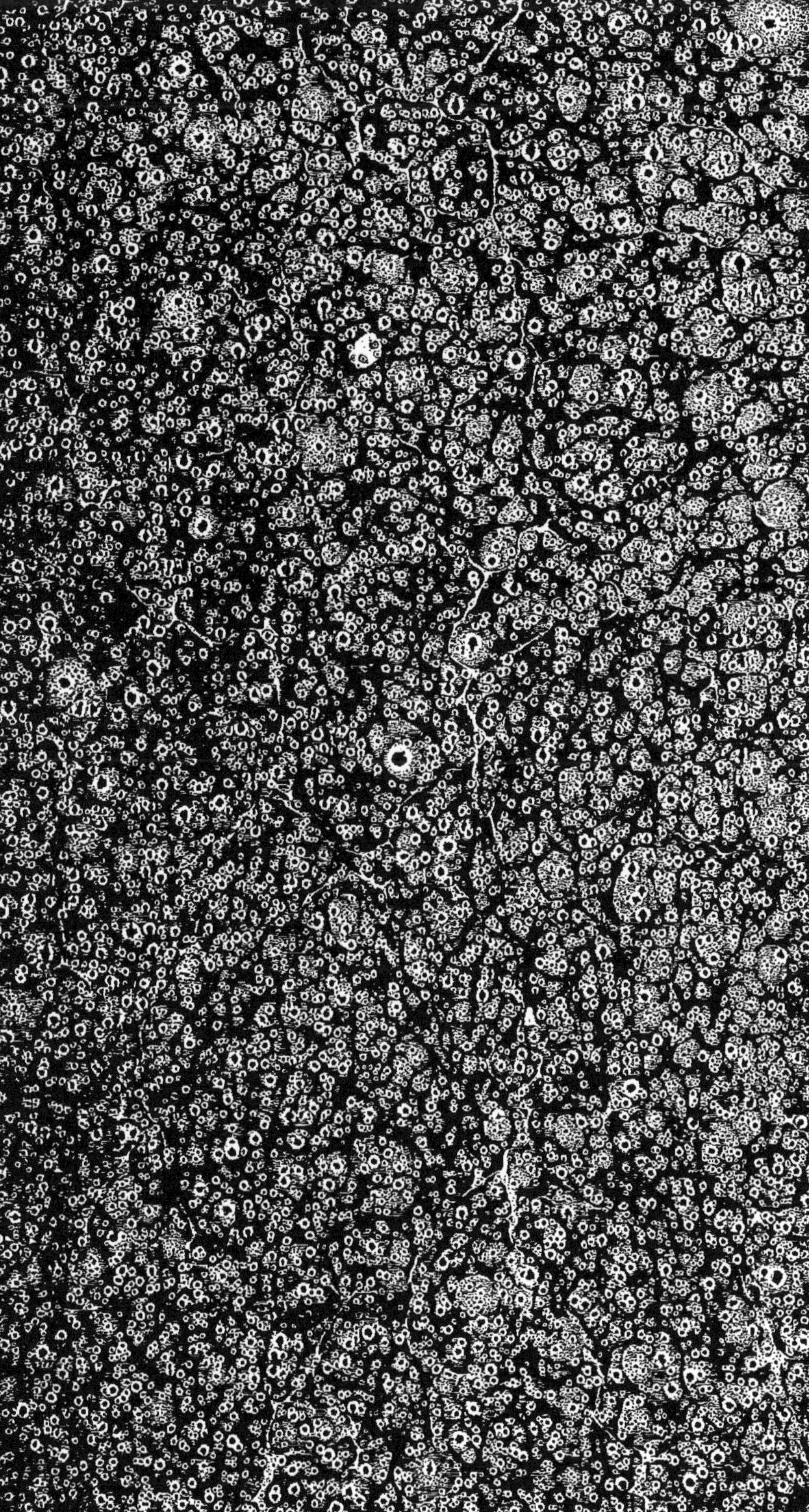

NOUVELLE THÉORIE

DE LA VIE.

NOUVELLE THÉORIE

DE LA VIE

DANS

L'HOMME ET LES ANIMAUX,

OU

NOUVELLE INTERPRÉTATION PHILOSOPHIQUE

DES PHÉNOMÈNES DYNAMIQUES, SAINS OU MORBIDES,

MANIFESTÉS PAR LA MATIÈRE ORGANIQUE ANIMALE,

Suivie du rapport fait par l'Académie royale de médecine de Paris sur ce travail;

PAR LE DOCTEUR J. P. DE LOUSTALOT-BACHOUÉ,

Médecin à Paris, ancien élève de l'école de Montpellier, membre de plusieurs sociétés médicales de France.

Comparez, scrutez bien, et vous verrez....

PARIS,

CHEZ MANSUT FILS, LIBRAIRE,

RUE DE D'ÉCOLE DE MÉDECINE, n. 4.

MONTPELLIER, SEVALLE.

STRASBOURG, LEVRAULT.

JUILLET 1829.

A LA MÉMOIRE

DE

MON ONCLE,

M. ARMAND DE LOUSTALOT,

ANCIEN PREMIER CONSEILLER A LA COUR ROYALE DE PAU ;

En qui la science du droit trouvait un appui solide, l'état des services signalés, la philosophie un interprète éclairé, son neveu des conseils dignes d'une éternelle reconnaissance.

AVERTISSEMENT.

———

Les idées fondamentales du nouveau système physiologique et pathologique des actions organiques, que je publie aujourd'hui, ont été déjà communiquées, l'an dernier, à l'Académie royale de médecine de Paris, dans un mémoire intitulé : *Essai sur une nouvelle théorie des fonctions du système nerveux dans les animaux, suivi de quelques vues de pathologie.* (Voy. le rapport à la fin de cet ouvrage.) J'en ai fait connaître aussi, dernièrement, quelques fragmens à l'Institut royal de France, dans un mémoire portant ce titre : *Recherches physiques sur les causes et les effets de la circulation du sang dans les quatre classes d'animaux vertébrés*, mémoire que j'ai présenté à ce corps savant, à l'occasion du prix de M. de Monthyon, sur les sciences physiologiques. Je me hâte de livrer au public ces divers travaux, quoique encore très imparfaits et ne reposant que sur des idées théoriques, espérant que, peut-être, ils trouveront d'utiles applications entre les mains d'hommes plus éclairés que moi, et, surtout, beaucoup plus versés dans l'art de confirmer par des expériences directes ce que la théorie ne fait que préjuger.

Que mon système, d'ailleurs, serve à l'avancement de la science et au soulagement de l'humanité souffrante, et mon but sera rempli.

Cet ouvrage est divisé en deux parties. La première traite de l'ensemble des phénomènes dynamiques organiques, en tant que *sains*. La seconde apprécie ces mêmes phénomènes en tant que *morbides*.

Cette seconde partie est un recueil de préceptes sur les maladies en général, et en particulier sur les maladies du cerveau, du cœur, du poumon, de l'estomac, etc., et sur la manière dont la mort peut en être le résultat. Enfin, elle se termine par quelques propositions sur

le véritable *secret* de combattre ces diverses maladies avec succès , secret
qu'on peut trouver, non dans l'emploi
exclusif et mal dirigé de quelques
moyens seulement, mais bien dans l'art
de savoir appliquer à temps les divers
agens que la nature a mis à la disposition de l'homme.

INTRODUCTION.

La nouvelle théorie des phénomènes dynamiques manifestés par l'organisation de l'homme et des animaux, que je soumets, aujourd'hui, au jugement du public, est déduite des faits suivans, qui sont, à mes yeux, des certitudes physiques.

1° Que la matière organique animale soumise à tous les moyens d'investigation possibles, n'a offert, jusqu'ici, dans sa composition, que de l'oxigène, de l'hydrogène, du carbone, de l'azote; dans quelques endroits, du soufre, du phosphore, etc., etc., tous élémens communs au reste de l'univers matériel.

2° Que ces élémens se montrent combinés quatre à quatre, cinq à cinq, dans l'organisation des animaux, et que c'est aux divers composés et surcomposés qui en résultent, que cette organisation, admirablement coordonnée, doit son existence physique (1).

____

(1) En effet, l'oxigène, l'hydrogène, le carbone, l'azote, etc., par leur combinaison en proportions variées, mais déterminées, constituent essentiellement l'albumine, la gélatine, la fibrine, la graisse, le principe

3° Que les élémens matériels, quels qu'ils soient, organiques ou inorganiques, possèdent chacun une portion donnée de la puissance électrique (1), et que c'est à la présence de cette puis-

---

colorant du sang, de la bile, des alcalis et acides divers, etc., tous principes constituans des solides et fluides animés, solides et fluides qui, par leur arrangement varié, forment à leur tour les organes et, enfin, l'organisation entière.

On rencontre aussi dans cette organisation certains principes terreux, tels que le phosphate de chaux, le carbonate de chaux, etc., qui paraissent concourir essentiellement à son existence physique.

(1) Cette puissance est regardée avec raison comme étant la cause immédiate de la force d'affinité même qui meut tout élément matériel. Elle peut être considérée aussi, je crois, comme étant la source de l'attraction générale qui fait mouvoir les uns sur les autres les divers corps planétaires; car, de même qu'elle est l'agent immédiat de l'attraction prochaine des corps, il n'y a pas de raison pour

sance, qu'ils doivent leur tendance à
agir et réagir continuellement les uns
sur les autres, et à affecter ainsi des
combinaisons diverses.

4° Que la puissance électrique se met

---

qu'elle ne soit aussi celui de leur attraction éloignée.

La puissance électrique est donc, comme on le
dit, l'ame générale du monde, l'agent dynamique
général même dont Dieu se sert pour régir la matière universelle, œuvre sublime de sa création. Les
effets si nombreux, si variables, si étonnans de
cette puissance, captivent de plus en plus l'attention
des physiciens; et, je ne serais pas surpris que l'é-
tude de la nature, en général, ne fût bientôt basée,
en grande partie, sur la connaissance des phénomènes électriques.

Quoi qu'il en soit, la puissance électrique est *une*
en soi. Elle a une existence *sui generis*, c'est-à-dire,
indépendante des élémens matériels qu'elle régit,
élémens qui ne servent qu'à la manifestation de ses

en évidence et se dégage sous forme de courans toutes les fois qu'une combinaison matérielle quelconque se produit.

5° Que ces combinaisons s'opèrent d'une manière permanente dans la con-

---

actes. Je dis que cette puissance est *une* en soi : en effet, si elle n'était pas *une*, si elle n'était qu'une simple propriété de la matière, elle ne pourrait se déplacer qu'avec cette matière. Or, c'est ce qui n'a pas toujours lieu. Il est évident, au contraire, que l'électricité peut parcourir des espaces immenses en passant d'un élément matériel à l'autre, ce qui, nécessairement, doit lui faire supposer une existence propre.

Dans l'esprit de tout homme vraiment observateur, le dynamisme l'emportera toujours sur le matérialisme, parce qu'en effet, la matière ne fait qu'obéir aux intentions (si je puis m'exprimer ainsi) des puissances dynamiques qui la régissent, et que son rôle est purement passif dans la production des phénomènes qu'elle manifeste.

stitution matérielle des animaux, comme
le prouve la transformation des alimens
en chyle, du chyle en sang, du sang en
produits organiques divers, etc.

6° Que les cordons nerveux sont de
véritables instrumens conducteurs du
fluide électrique (1).

---

(1) C'est un fait digne de remarque que cette faculté conductrice des cordons nerveux, faculté qu'ils
possèdent au suprême degré. Ces organes sont même
les seules parties organiques qui, jusqu'à présent, se
soient montrées dépositaires de cette faculté conductrice, et qui aient paru aptes à manifester des
phénomènes galvaniques. J'ai remarqué, dans le peu
d'expériences que j'ai encore pu faire, que la substance blanche qui entre dans la composition des
masses centrales du système nerveux, a aussi la faculté de laisser librement circuler la puissance électrique. Ce n'est pas étonnant, vu que la partie mé-

7° Que dans les animaux supérieurs, dans l'homme surtout, ces cordons, conjointement avec les vaisseaux de divers genres, enchaînent toutes les parties de l'organisation, rendent l'existence de ces parties réciproquement nécessaire, et constituent ainsi un tout lié de la machine organique.

8° Que, précisément, ces mêmes cordons nerveux se terminent en fibrilles extrêmement ténues dans la texture des diverses parties organiques, et qu'ils vont servir d'élément générateur à ces

---

dullaire des cordons nerveux, partie contenue dans l'espèce de tuyau cylindrique formé par l'enveloppe cellulaire appelée névrilème, n'est qu'une émanation de cette substance.

parties, là même où les fluides circulatoires opèrent leurs diverses métamorphoses, qui sont de véritables combinaisons chimiques.

9° Que la vie organique tout entière
se rattache à cette disposition intègre
des vaisseaux et des nerfs, et qu'on peut
la détruire, en effet, successivement, dans
les diverses parties organiques , en les
privant successivement de l'influence
nerveuse et surtout de l'influence vasculaire (1).

____

(1) D'après cela, comment concevoir que l'organisation des animaux puisse être régie par un principe
unique (principe vital, archée de Vanhelmont,
anima des Sthaliens, etc.) siégeant dans un organe
spécial, et réfléchissant ensuite son pouvoir sur les
autres parties organiques? On voit, bien manifeste-

10° Que les cordons nerveux ne pourraient solliciter le jeu des organes où ils se distribuent, s'ils n'étaient parcourus d'une extrémité à l'autre de leur étendue, par une puissance dynamique quelconque, qui en devienne l'agent moteur.

11° Qu'enfin, jusqu'ici, cette puis-

---

ment, que cette supposition est inadmissible et impossible à soutenir dans l'état actuel des sciences physiques. La vie, en effet, n'est pas seulement dans un organe. Elle est dans chaque élément matériel d'organe. Il y a autant de principes vitaux particuliers qu'il y a de molécules organiques, et même d'élémens simples constituans de ces molécules. La vie générale résulte du concours de toutes ces vies particulières; et, selon moi, ce ne peut être que la puissance dite électrique, puissance qui, comme on sait, a la faculté de passer d'un élément matériel à l'autre, et de produire ainsi des effets dynamiques divers.

2.

sance a montré la plus grande analogie avec le fluide électrique, et qu'elle paraît subordonnée aux mêmes lois.

Tels sont les principaux faits qui m'ont servi de guide. Je dis que ces faits sont des certitudes physiques : je les crois, en effet, susceptibles de toute démonstration. Je laisse juger, au reste, jusqu'à quel point je me suis approché de la vérité en les prenant pour fondement de ma doctrine, doctrine sans doute encore très imparfaite et fort mal présentée, mais que je considère néanmoins comme étant au moins la plus probable que nous ayons encore sur la production du phénomène dynamique général connu sous le nom de *vie*.

Avant d'aller plus loin, je dois faire

observer que je n'entends parler ici que du mouvement dynamique inhérent à la matière organique même, et non de la puissance immatérielle, appelée *ame*, qui, dans les animaux et dans l'homme surtout, coordonne et régularise ce mouvement, pour l'accomplissement de certains actes dynamiques prévus.

Selon moi, la puissance dite électrique est la cause générale qui meut la matière organique, comme elle meut la matière universelle. Mais j'attribue à l'ame, que je crois siéger exclusivement dans le cerveau, le pouvoir de faire de ce mouvement des actes volontaires, ce que, évidemment, la puissance électrique ne pourrait faire seule, attendu que les divers actes dynamiques régis par cette puissance, sont aveugles, absolus et nécessaires, tandis que les phénomènes intellectuels ou moraux sont, au contraire, éclairés et libres.

La physique peut seule apprécier les phénomènes dynamiques organiques produits par la puissance électrique; mais la physique ne peut nous rien apprendre sur la manière dont l'ame régit et coordonne certains de ces phénomènes, circonstance qui place ces derniers au dessus de toute spéculation matérielle.

Par vérité et non par préjugé, respectons donc encore la science (psychologie) qui sert de fondement à toute

saine morale ; et , avouant franche-
ment notre complète ignorance sur la
nature de l'ame, et sur les différences
de ce principe dans l'homme et les animaux, convenons qu'il y a quelque
chose de bien métaphysique et de bien
surprenant dans la coordination des
phénomènes moraux, phénomènes dont
la pensée, surtout. est la principale manifestation.

Je n'en dirai pas davantage sur une
chose dont Dieu seul connaît et l'essence
et la destination. En voulant combattre
les opinions qu'on s'est faites à cet égard,
je craindrais de ne pouvoir opposer
qu'un jeu de mots à un jeu de mots.

NOUVELLE THÉORIE

DE LA VIE

DANS

L'HOMME ET LES ANIMAUX.

~~~~~~

PREMIÈRE PARTIE.

PHYSIOLOGIE.

DYNAMIQUE DE L'ÊTRE VIVANT EN TANT QUE SAIN.

De l'innervation considérée comme cause provocatrice des divers phénomènes dynamiques organiques, et comme se réduisant elle-même à une action électrique qui trouve sa source dans les actions chimiques permanentes qui résultent de l'abord des fluides circulatoires dans les divers points de l'organisation des animaux.

Depuis que les expériences galvaniques ont prouvé qu'on pouvait reproduire, au
~~~~~~

moyen de courans d'électricité, la plupart
des phénomènes dynamiques dont les
nerfs sont les agens, on s'est assez généralement accordé à regarder l'action électrique comme la cause la plus probable
de tous les effets qui, dans les animaux,
résultent de l'influence de ces organes.
Cependant, il faut l'avouer, les tentatives
par lesquelles, jusqu'ici, on a cherché à
éclairer, par le galvanisme, la théorie des
fonctions du système nerveux, n'ont encore fourni, à la physiologie, que des données incertaines et tout-à-fait insuffisantes.
Cela tient à l'obscurité où l'on est resté
sur les conditions au moyen desquelles le
fluide électrique se développe dans l'organisation des animaux, pour produire les
effets par lesquels l'influence nerveuse se
manifeste, obscurité qui s'est nécessairement étendue sur toutes les circonstances
des phénomènes qui suivent son développement. On va voir, en effet, que la
science de l'organisme peut parvenir à des
résultats plus satisfaisans, en s'aidant des

lumières que les découvertes toutes récentes de la physique ont répandues sur les
conditions qui mettent en jeu l'agent dynamique dont nous parlons.

M. Becquerel a constaté, récemment,
dans ses recherches électro - chimiques,
que, lorsque deux substances en communication l'une avec l'autre au moyen d'un
fil conducteur, exercent simultanément
une action chimique sur une troisième,
il se développe, constamment, un courant électrique qui se porte de la substance où cette action est la plus forte,
vers celle où elle l'est le moins. Or , je le
demande, des conditions physiques exactement semblables à celles dont nous venons de parler, ne se trouvent-elles pas
réunies pendant la vie dans les animaux
pourvus d'un système nerveux ? Le cerveau, la moelle épinière et les ganglions
du grand sympathique, masses centrales
de ce système, ne communiquent-ils pas ,
en effet, au moyen de fils conducteurs, les

cordons nerveux, avec toutes les parties
organiques où ces cordons se distribuent?
Ne s'exerce-t-il pas, continuellement, dans
tous les organes, une action chimique simultanée, par l'abord du sang artériel
dans leur tissu, comme le prouve d'une
manière irrévocable sa transformation
constante en sang veineux? Et ne sait-on
pas, d'ailleurs, que le fluide électrique se
met nécessairement en évidence toutes
les fois qu'une action chimique quelconque se produit? Enfin, l'organisation des
animaux, depuis le premier moment de sa
création, jusqu'à celui de sa destruction,
ne possède-t-elle pas, en même temps,
une dose de calorique suffisante pour mettre en jeu la puissance électrique, et favoriser les diverses combinaisons chimiques
dont nous venons de parler? En vertu de
la loi électro-chimique ci-dessus, il doit
donc exister dans chaque cordon nerveux
un courant galvanique continuel allant de
son extrémité centrale vers son extrémité
périphérique, ou de celle-ci vers la pre-

mière, suivant que l'action chimique d'où ce courant émane, prédomine à l'une ou à l'autre de ces extrémités (1).

Suivons maintenant les conséquences de ces vues analogiques, et voyons si les résultats auxquels elles conduisent peuvent servir à répandre quelques lumières sur les fonctions encore si obscures du système nerveux, et surtout sur la part plus ou moins grande que ce système paraît pren-

------

(1) L'analogie que j'établis ici, et que je prends pour fondement spécial de ma doctrine, est, ce me semble, aussi exacte que possible. En effet, d'une part, les *masses* centrales du système nerveux, et les diverses *parties organiques* où les nerfs vont se rendre, représentent parfaitement les deux substances mises en communication au moyen d'un fil conducteur. D'autre part, le sang artériel est bien la troisième substance qui agit simultanément sur les deux autres; car il est prouvé que ce liquide baigne en même temps les divers points de l'organisation des animaux. Or, comme l'action de ce liquide est réel-

dre dans les mouvemens par lesquels le cœur et les vaisseaux poussent le sang dans les divers points de l'organisation des animaux, et font entrer ainsi, successivement, en action, les divers rouages de la machine organique.

A cet effet, deux cas principaux viennent naturellement s'offrir à notre examen ; savoir, 1° le cas où l'action chimique, exercée par le sang artériel, prédominant

---

lement une action chimique, il n'y a pas de raison pour que le fluide électrique ne se développe ici, comme il s'est développé dans les expériences inorganiques signalées par M. Becquerel. Je persiste donc à penser, malgré les objections qui m'ont été faites, que des courans galvaniques continuels existent le long du trajet des filets nerveux. Je ne tarderai pas, du reste, à faire connaître, dans un ouvrage plus etendu, quelles sont les causes qui, jusqu'à présent, ont empéché que les courans galvaniques nerveux ne devinssent sensibles à nos instrumens de physique ordinaires.

dans les masses centrales du système nerveux, le courant galvanique centrifuge qui
en émane nécessairement, se porte vers les
parties périphériques avec lesquelles ces
masses sont mises en communication au
moyen de filets nerveux ; 2° celui, au contraire, ou l'action chimique prédominant
aux parties périphériques de l'organisation,
le courant galvanique centripète qui en
résulte, se porte vers les masses centrales
du système nerveux.

Voyons maintenant quels sont les phénomènes dynamiques organiques qui peuvent être la conséquence de ces deux états
de choses, et d'abord de celui où l'action
chimique prédomine dans les centres nerveux.

PREMIER CAS.

Effets dynamiques produits par la prédominance d'action chimique du sang artériel sur les masses centrales du système nerveux, et par le transport du courant galvanique qui émane de cette action chimique, sur les parties périphériques de l'organisation.

Il est évident que les effets dynamiques qui résultent de ce genre de conditions physiques organiques, doivent être différens suivant les parties où les cordons nerveux se distribuent, et suivant la manière dont ces cordons s'y terminent.

Ces effets sont nuls, si, comme dans les organes des sens et les deux surfaces cutanée et muqueuse en général, les nerfs s'épanouissent à nu en membranes ou en papilles, attendu que l'action chimique du sang artériel, ne s'exerçant alors, en

quelque sorte, que sur la substance nerveuse même, les deux variétés de fluide
électrique peuvent se réunir sans avoir
aucune partie à traverser. Mais il en est
tout autrement si les nerfs, au lieu de se
terminer à nu, se perdent, au contraire,
dans la substance même des organes,
comme, par exemple, ceux qui se rendent aux muscles, au cœur et aux autres
parties du système circulatoire. En effet,
l'action chimique exercée par le sang artériel ne se réalisant plus alors sur la substance nerveuse immédiatement, le courant
galvanique qui en émane, est obligé de
traverser les fibres musculaires qui entrent dans la composition de ces divers
organes, et d'en déterminer la contraction (1).

---

(1) Les belles recherches de MM. Prevost et Du-
mas de Genève sur la fibre musculaire et sur la manière dont les filets nerveux s'y terminent, viennent
parfaitement à l'appui de ma théorie.

N'est-ce pas là la source des mouvemens constans et réguliers par lesquels le
cœur et ses vaisseaux entretiennent la circulation du sang , et poussent ce liquide
dans les divers points de l'organisation des
animaux ?

Ces mouvemens se succèdent, comme
on sait, sans interruption ; et l'on en sent
facilement la raison , puisque, par leur
moyen , le sang circule continuellement
dans le tissu des organes qui les produisent, ainsi que dans les masses centrales
du système nerveux avec lesquelles ces organes communiquent à la faveur des nerfs ;
et que, par l'action chimique simultanée
qui en résulte, il se développe un courant
galvanique qui les renouvelle sans cesse.

La succession continue des mouvemens
par lesquels le sang circule, est donc liée
à la succession également continue de ces
deux phénomènes : 1° l'impulsion de ce
liquide dans tous les organes ; 2° et le dé-

veloppement d'un courant électrique par l'action chimique qui suit son abord dans leur tissu.

Si tous les muscles ne paraissent point se contracter continuellement, comme le cœur, par les conditions physiques organiques que nous venons d'exposer, c'est qu'étant antagonistes les uns des autres, les effets de leur contraction, produits par une cause identique, se neutralisent réciproquement. Mais ils se manifestent si, par une cause accidentelle quelconque, cet antagonisme est rendu impossible, comme cela arrive, soit par la paralysie d'une partie des muscles antagonistes, soit par la solution de continuité des leviers solides, les os, auxquels ces muscles s'attachent.

Les ganglions du grand sympathique, fournissant presque exclusivement des nerfs au cœur et aux vaisseaux, sont les sources principales de l'influence électrique qui en entretient les contractions.

3.

Soustraits, ainsi que les filets nerveux qui en partent, à toute action directe de la part des agens extérieurs, ces ganglions n'ont pour cause immédiate de l'influence électrique qu'ils exercent sur les organes circulatoires, que l'action du sang artériel sur leur tissu. Cette circonstance rend l'exercice de leurs fonctions presque uniquement dépendant de celui de la circulation, à l'entretien de laquelle leur structure, beaucoup mieux pourvue de vaisseaux sanguins que celle des autres parties du système nerveux, est, en outre, très appropriée. Car, l'action chimique que le sang exerce sur leur tissu, est ainsi plus considérable, ce qui est la disposition la plus favorable pour qu'elle se trouve toujours prédominante à l'extrémité centrale des nerfs qui en émanent, et que le courant galvanique par là, d'ailleurs, plus énergique, se dirige sans cesse vers le cœur et les vaisseaux dont il détermine la contraction.

C'est encore à la grande quantité de sang que reçoivent, soit les ganglions, soit les cordons nerveux du grand sympathique, qu'on doit attribuer le peu de conductibilité dont ils se montrent doués. De même, en effet, que les substances conductrices interposées entre des couples électro - moteurs transmettent d'autant mieux l'électricité développée par le contact, que leur action électro-motrice propre est plus faible, de même le pouvoir conducteur plus ou moins parfait des diverses parties du système nerveux doit dépendre de la propriété électro-motrice plus ou moins forte qu'elles acquièrent par la quantité plus ou moins grande de sang qu'elles reçoivent.

Au reste, on sent que cette faible conductibilité des ganglions et des nerfs du grand sympathique était nécessaire pour garantir les mouvemens de la circulation des irrégularités auxquelles les eussent exposés à tout moment, sans cela, les cou-

rans qui traversent les nerfs cérébraux et
vertébraux avec lesquels ces ganglions et
ces nerfs communiquent.

Mais le système du grand sympathique
ne concourt pas seul à entretenir l'action
des agens de la circulation. Le système
nerveux cérébro-spinal y contribue aussi,
comme l'ont démontré les expériences de
M. Legallois, au moyen de filets de communication qui unissent ce système à celui du grand sympathique.

Ainsi, le système nerveux, outre ses
fonctions intermittentes consécutives à
l'action des objets de nos sensations sur
les deux surfaces sensitives de l'organisation, en a encore une autre qui est continue, dépendante de l'abord du sang artériel dans son tissu, et en rapport avec la
circulation qu'il concourt, tout entier,
plus ou moins directement à entretenir.

Il n'en est pas de même à toutes les

époques de la vie. En effet, les diverses parties dont il se compose se formant successivement dans le fœtus et se développant ensuite graduellement, les mouvemens circulatoires doivent dépendre de portions d'autant moins grandes de ce système qu'on se rapproche davantage du moment de la conception.

Les ganglions du grand sympathique, et principalement les cardiaques, étant, suivant l'opinion la plus générale et la plus probable, les premiers centres nerveux qui se forment, c'est par eux seuls que l'action du cœur doit d'abord être entretenue. Mais les diverses parties de l'arbre cérébro-spinal se formant ensuite et se développant graduellement, leur influence, de plus en plus considérable sur ce viscère, vient s'ajouter à celle du grand sympathique. La source des contractions du cœur, nécessairement en rapport avec la puissance qui les détermine, va donc sans cesse croissant à partir du moment de la conception.

N'est-ce pas à l'énergie toujours croissante qui en résulte dans l'impulsion du sang, qu'on doit attribuer l'extension continuelle qui s'opère dans le champ de la circulation, à partir de la même époque, par l'augmentation de la longueur et du diamètre de ses canaux ; et ne trouverait-on pas là, par conséquent, la cause de l'accroissement progressif des organes dont la grandeur est, comme on sait, toujours relative aux dimensions des vaisseaux qui leur apportent du sang ?

Tels sont les effets dynamiques les plus appréciables qui résultent de la prédominance d'action chimique du sang artériel sur les masses centrales du système nerveux, et surtout, sur les ganglions du grand sympathique. Ces effets sont donc la contraction des muscles en général et notamment celle du cœur et des autres parties du système circulatoire, par le transport, sur ces organes, du courant galvanique centrifuge qui émane nécessairement de cette action chimique prédominante.

Voyons maintenant le cas opposé, c'est-à-dire, les effets dynamiques qui se rattachent à l'action d'un courant galvanique centripète qui trouve sa source dans l'action chimique prédominante que le sang artériel peut exercer sur les parties périphériques de l'organisation, parties qui, comme nous l'avons déjà dit, sont mises en communication avec les masses centrales du système nerveux par le moyen des nerfs. C'est le deuxième cas que nous avons établi précédemment.

DEUXIÈME CAS.

Effets dynamiques qui résultent du transport sur les masses centrales du système nerveux du courant galvanique centripète qui émane de l'action chimique prédominante que le sang artériel exerce sur les parties périphériques de l'organisation.

Un nouvel ordre de phénomènes s'offre à considérer lorsque le courant galvanique ou nerveux, au lieu de se porter vers l'extrémité périphérique des nerfs se dirige, au contraire, vers leur extrémité centrale. Ce cas se présente spécialement dans ceux des nerfs cérébraux ou vertébraux qui, aboutissant aux deux surfaces sensitives interne (membranes muqueuses) et externe (système cutané) de l'organisation, se trouvent soumis, par leurs extrémités, à l'action de divers agens qui contribuent presque toujours à y faire prédominer l'action chimique, les uns, directement, par l'action qu'ils exercent sur les tissus animés, les autres en exagérant seulement celles qui s'y passent habituellement, par l'afflux plus considérable de sang que l'excitation causée par leur contact y détermine.

Mais pour se faire une juste idée des effets dynamiques produits par un courant galvanique qui se porte vers l'extrémité centrale des nerfs cérébraux ou vertébraux, il faut avoir présentes à l'esprit la structure et la disposition respectives des deux substances qui entrent dans l'organisation des masses nerveuses dans lesquelles ces nerfs prennent leur point de départ. Ces deux substances sont, comme on sait, la substance blanche et la substance grise.

La substance blanche plus compacte que la substance grise, et généralement disposée en fibres, n'admet dans sa structure qu'une très petite quantité de vaisseaux sanguins. La substance grise, plus molle et plus pulpeuse, en reçoit, au contraire, une telle quantité qu'on l'en a crue presque entièrement formée. On sait, du reste, que c'est dans le tissu de cette substance que s'implantent les racines de tous les nerfs.

Dans la moelle vertébrale, la substance grise se trouve placée à l'intérieur de cette moelle. Elle y forme une couche longitudinale qui est recouverte de toutes parts par la substance blanche, dont les faisceaux, après avoir traversé dans la cavité du crâne un certain nombre d'autres amas plus ou moins considérables de substance grise, vont s'épanouir dans le cervelet et les hémisphères du cerveau, où ils se recouvrent d'une couche assez épaisse de la même substance.

La substance grise se trouve donc partagée dans l'arbre cérébro-spinal en plusieurs portions isolées. Mais comme toutes ces portions sont en communication les unes avec les autres au moyen de la substance blanche, substance parfaitement conductrice du fluide électrique, elles offrent toutes les conditions qu'il faut pour que des courans de ce fluide aillent sans cesse des portions où l'action chimique exercée par le sang artériel est la plus forte, vers celles où elle l'est le moins. Je dois faire observer que, parmi ces diverses portions de substance grise, les unes fournissent des cordons nerveux, et les autres n'en fournissent point.

Cela posé, on concevra sans difficulté ce qui doit arriver lorsqu'un courant galvanique se porte à travers un cordon nerveux cérébral ou vertébral, vers la portion de substance grise dans laquelle il s'implante. On sent, en effet, que l'abord plus considérable de sang qui résulte du passage de ce courant dans le tissu de cette substance, éminemment volontaire, doit y susciter une action chimique plus forte

que dans l'état habituel, et celle-ci, si elle
est assez intense, donner lieu à la production d'un nouveau courant galvanique qui
se dirige vers les portions de cette même
substance, avec laquelle la première portion communique au moyen de la substance blanche. Par la répétition successive
du même phénomène, l'action se propage
jusqu'aux masses centrales du système nerveux qui ne fournissent point de nerfs (ce
sont les hémisphères cérébraux et le cervelet), mais dont la coopération est nécessaire, soit à la perception des impressions,
soit à la coordination des mouvemens qui,
comme on sait, viennent toujours à la
suite. Car, ces organes communiquent par
la substance blanche, avec toutes les portions de la grise dans lesquelles les extrémités centrales des nerfs aboutissent, font
succéder au courant centripète primitif
des courans centrifuges qui, suivant que
l'ame les dirige vers tels ou tels muscles,
deviennent la source des mouvemens élec-
tifs divers par lesquels l'être vivant met

les objets de ses sensations dans les rapports appropriés à son bien-être ou à ses
besoins.

Il y a donc dans toute impression ren-
due susceptible, un phénomène commun :
c'est le développement d'un courant galvanique qui se porte vers le cerveau. Ce
courant a pour objet d'associer l'action
de cet organe à celle des parties organiques périphériques immédiatement influencées par les corps extérieurs, pour
lui faire prendre part aux modifications
que ces corps leur font éprouver, et l'o-
bliger, ainsi, à faire exécuter les mouvemens que nécessite le genre d'impression
dont ces mêmes corps affectent les organes
des sens.

Puisque les effets de l'action des corps
extérieurs sur les surfaces sensitives de
l'organisation des animaux, ne peuvent
être perçus sans le concours du centre
sensitif, et que le courant galvanique dont

ces surfaces sont le point du départ, est le moyen par lequel ce concours s'établit, on doit juger que toutes les causes capables d'augmenter l'intensité des phénomènes chimiques dans les masses nerveuses centrales, ou de diminuer cette intensité dans les parties périphériques où aboutissent les nerfs qui émanent de ces masses, doivent tendre à amener la suspension périodique qu'on observe dans l'exercice des fonctions dites extérieures ou de relation, ou le sommeil, qui n'est, en effet, que cet état de l'organisme dans lequel l'action chimique exercée par le sang artériel se trouvant prédominante aux extrémités centrales des nerfs, tous les courans galvaniques qui en émanent se dirigent vers leurs extrémités périphériques.

Aussi, observe-t-on, pendant que le sommeil a lieu, une fluxion manifeste de sang vers le cerveau, tandis que ce liquide abandonne au contraire les surfaces où s'épanouissent les extrémités nerveuses sensitives. C'est en favorisant cette fluxion, que les narcotiques et toutes les substances qui, comme ces derniers, appellent le sang vers le cerveau, apaisent les douleurs et provoquent le sommeil. Un froid intense et prolongé y porte de même irrésistible-ment en faisant refluer ce liquide de la pé-riphérie de l'organisation, vers les organes centraux qui la composent.

Si les sensations s'affaiblissent par leur durée, si leur exercice même prédispose au sommeil, c'est que les courans galvani-ques qui, lorsque nous éprouvons ces sen-sations, se dirigent vers l'extrémité cen-trale des nerfs, y rendent l'abord du sang plus considérable, et tendent à y faire pré-dominer l'action chimique.

Voyons maintenant quelles sont les causes qui concourent à faire naître et à entretenir dans l'organisme un état opposé au précédent, c'est-à-dire, l'état de veille.

Cet état n'existe point, comme on sait, chez le fœtus. Le système nerveux n'exerce, chez ce dernier, que ses fonctions continues dépendantes de l'abord du sang artériel dans tous les organes. L'état de veille est déterminé par les besoins du nouvel être, et ces besoins naissent 1°, des *résultats* emmenés dans certains organes par son développement progressif; 2°, et des *produits* de certains autres dont la destination ultérieure lui rend des relations avec le monde extérieur indispensables.

Ces *résultâts* sont l'abord, dans le poumon, d'une quantité de plus en plus grande de sang veineux, sang qui, par l'irritation qui résulte de l'obstacle qu'il éprouve à traverser cet organe, encore peu développé, oblige ce dernier à solliciter l'intervention du cerveau pour l'exécution des mouvemens nécessaires à l'intromission, dans les cavités bronchiques, d'un gaz susceptible, en les dilatant, de favoriser le cours du sang, et propre, en même temps, à donner à ce liquide les propriétés qu'exigent ses usages et sa destination.

Ces *produits* sont les liqueurs fournies par les organes sécréteurs, liqueurs qui sont toutes déposées sur les diverses portions du système muqueux.

Parmi ces liqueurs, les unes, telles que l'urine, par exemple, devant être rejetées à l'extérieur, obligent ce système, qui se trouve irrité de leur présence, à faire exécuter, par l'intermédiaire du centre sensitif, les mouvemens nécessaires à leur expulsion.

Les autres, telles que les fluides biliaire, pancréatique, qui ne doivent point être expulsés et ne peuvent l'être (du moins par des mouvemens volontaires), mais dont l'action doit s'exercer sur les substances alibiles destinées à réparer les matériaux de la circulation, sont des causes conti-

4.

nues d'irritation pour les portions de système muqueux, sur lesquelles ces liqueurs
sont déposées, jusqu'à ce que les sensations
pénibles dont elles sont la source permanente, forcent le cerveau à produire les
actes nécessaires à l'introduction dans les
cavités digestives de substances susceptibles, en se combinant avec elles, de neu-
traliser leurs propriétés chimiques.

Telles sont les causes qui, nécessitant de
la part de tout être animé des rapports
avec le monde extérieur, déterminent son
premier état de veille, et contribuent, le
plus puissamment, à l'entretenir le res-
tant de sa vie. Mais, sorti du sein de sa
mère, cet être trouve dans l'action des
agens extérieurs sur ses organes des sens
de nouvelles causes excitatrices qui s'ajou-
tent aux précédentes pour produire le
même résultat. Enfin, à l'époque de la pu-
berté, le séjour du fluide séminal sur la
membrane muqueuse génitale, en faisant
naître un nouveau besoin qui, pour être

satisfait, exige des relations avec les objets extérieurs, contribue aussi à emmener
et à entretenir l'état de veille.

Des deux ordres de sensations qui affectent les êtres animés, les internes sont
donc produites par l'action de substances
propres à l'économie sur les surfaces sensitives des organes internes, organes dont
les fonctions exigent des relations avec le
monde extérieur, pour déposer ces mêmes
substances ou pour en puiser de nouvelles.
Or, c'est parce qu'il doit y avoir un choix,
soit dans certaines substances à introduire,
soit dans le lieu à en déposer d'autres, que
des appareils organiques sensitifs (propres à mettre l'animal en rapport avec les
objets de ce choix) ont été annexés aux
appareils musculaires destinés à l'expulsion ou à l'intromission.

De l'ensemble des considérations qui
précèdent, on peut déduire, je crois, les
propositions suivantes :

1° Les contractions du cœur et des vaisseaux dont résulte le cours du sang dans les divers points de l'organisation des animaux, reconnaît pour cause l'action d'un agent qui se développe d'une manière constante dans la masse matérielle organique de ces êtres.

2° Le développement de cet agent étant le résultat de l'action chimique que le sang exerce sur tous les tissus organiques, la continuité de la circulation se rattache directement à celle de cette même action chimique.

3° La respiration en restituant au sang les propriétés qui le rendent susceptible de se combiner chimiquement avec les divers tissus d'organes, propriétés qu'il a perdues en les traversant, est une condition essentielle à la non interruption de la circulation.

4° Il en est de même, mais d'une manière plus éloignée, des sécrétions, dont les unes, antagonistes nécessaires de la respiration, ont pour but d'enlever au sang les élémens que cette fonction y fait sans cesse prédominer, et dont les autres servent par leurs produits à faire introduire et élaborer les matériaux qui doivent réparer les pertes continuelles que ce liquide éprouve.

5° Les poumons et les organes sécréteurs sont donc les agens médiats par lesquels le système circulatoire fait entrer successivement en action tous les organes susceptibles d'entretenir des rapports avec le monde extérieur, afin de maintenir les conditions physiques organiques qui rendent possible l'entretien continuel de la circulation.

6° Ainsi, la vie individuelle de l'homme et des animaux se constitue d'un ordre de phénomènes qui se succèdent d'abord de l'intérieur à l'extérieur, pour revenir ensuite à l'intérieur. La circulation est le phénomène générateur de tous les autres, et celui auquel tous se rapportent. C'est tout naturel, puisque par leur production consécutive, ils reproduisent sans cesse les conditions au moyen desquelles la circulation s'effectue.

7° Enfin, c'est à cet ordre de succession, en quelque sorte circulaire des phénomènes de la vie, qu'est due leur reproduction constante.

Si nous résumons maintenant les divers principes que je viens de développer, il est facile de voir que tous, sans exception, se rattachent à cette grande vérité, 1° que la matière organique animale est essentiellement composée d'oxygène, d'hydrogène, de carbone, d'azote, dans quelques endroits, de soufre, de phosphore, etc., etc., principes élémentaires communs au reste de l'univers matériel; 2° que ces élémens possédant, chacun, une portion donnée des puissances dynamiques générales qui régissent l'univers, agissent et réagissent continuellement les uns sur les autres, et déterminent par cette action et réaction la production du mouvement vital qui agite, pendant un certain temps, la matière organique convenablement disposée.

La vie, en effet, ne se manifeste à notre esprit que par le mode de motion propre à la matière organique. C'est l'ensemble des phénomènes dynamiques, dont cette motion, ce mouvement est l'expression générale. Je l'ai déjà définie : *L'ensemble et la succession plus ou moins prolongée des effets qui, dans les animaux, résultent de l'action chimique que les élémens qui les composent exercent continuellement les uns sur les autres*, définition sans doute fautive, comme la plupart de celles qu'on fait en histoire naturelle, mais qui, cependant, exprime d'une manière générale le mode particulier d'agir et d'exister de l'organisation des animaux.

Je regarde la puissance électrique comme
la source principale de la vie. Cette puissance régit, comme on sait, les divers élémens matériels connus, et les porte à se
mouvoir continuellement les uns sur les
autres. Or, comme l'organisation des animaux résulte de l'association d'un certain
nombre de ces élémens, il n'y a pas de raison pour qu'elle ne puisse être mue et régie par la puissance électrique. Nous avons
vu, au reste, que la matière organique
possède toutes les conditions physiques
nécessaires au développement de cette
puissance dynamique générale. J'ai fait observer, néanmoins, que cette puissance
ne donnait point seule la raison suffisante
de la production et de la coordination des
phénomènes intellectuels ou moraux : de
là, en effet, la nécessité d'admettre l'existence d'une ame intelligente qui soit l'agent
régulateur des phénomènes électriques organiques, et qui convertisse certains de
ces phénomènes, essentiellement aveugles
et nécessaires, en actes éclairés et libres.

Ainsi donc : groupe particulier résultant de l'association voulue d'un certain nombre d'élémens matériels, convenablement disposés ; action et réaction continuelle de ces élémens les uns sur les autres en vertu de la puissance électrique qui les régit, puissance dont la chaleur propre à la matière organique, favorise surtout le développement ; effets dynamiques résultant de cette action et réaction élémentaire : enfin, coordination, par l'ame, de ces effets, suivant tel ou tel but prévu : voilà, je crois, tout ce qui constitue un être animé parvenu à son entier développement.

Mais précisons un peu mieux la manifestation du phénomène dynamique organique général, connu sous le nom de vie, et voyons ce qui caractérise ce phénomène aux divers degrés de développement de la matière organique.

Je distingue, à cet égard, avec les physiologistes, une vie intra-utérine et une vie extra-utérine.

VIE INTRA-UTÉRINE.

Dynamique propre au nouvel être depuis le premier moment de sa création jusqu'à celui de sa naissance.

La durée de la vie intra-utérine varie dans les diverses espèces animales. C'est le temps que le nouvel être passe dans le sein de sa mère, à l'effet de se développer et de s'accroître. Pendant ce temps, ce nouvel être doit être considéré comme un organe de plus ajouté à l'organisation de la mère qui le recèle. En effet, il ne se développe et ne s'entretient alors qu'aux dépens des matériaux nutritifs fournis par cette dernière. C'est du moins ce qui arrive dans la grande classe d'animaux connus sous le nom de vivipares.

Dans les animaux ovipares, les choses sont un peu différentes. L'œuf, qui est la masse matérielle dans laquelle les diverses parties du nouvel être doivent successivement se former, contient tous les rudimens organiques nécessaires à la confection de ces diverses parties, et il ne faut ici, désormais, qu'une chaleur continue propre à favoriser l'action chimique des élémens matériels de l'œuf, pour mettre en jeu les divers phénomènes dynamiques qui vont tour-à-tour se manifester.

Quoi qu'il en soit, le nouvel être est un produit sécrétoire mixte destiné à se développer et à s'accroître. Il résulte, en effet, de l'action de la matière organique génératrice mâle sur la matière organique génératrice femelle, et du mélange de ces deux matières, matières qui sont l'une et l'autre le produit d'une fonction sécrétoire.

Pendant les premiers jours de sa création, le nouvel être désigné alors sous le nom d'ovule, n'est qu'une petite masse matérielle informe, agitée seulement par le mouvement léger et obscur qui résulte de l'action et réaction chimique que les élémens matériels des deux substances génératrices exercent réciproquement les uns sur les autres. Tels sont alors, en effet, les seuls phénomènes de vie manifestés par la matière organique nouvellement procréée.

La matière génératrice mixte, d'où cette nouvelle matière organique émane, vivait donc déjà, selon moi, dans les organes mâles et femelles qui l'ont fournie. Elle possédait alors, en effet, la chaleur et la puissance électrique propres à faire mouvoir les uns sur les autres les élémens matériels qui la constituent.

Voilà le nouvel être procréé, engendré. Il émane de deux êtres vivans qu'il est destiné à remplacer dans la suite. Il ressemblera plus ou moins à l'un ou à l'autre de ces êtres, sans doute, suivant la prédominance d'action chimique qui se sera établie entre les deux genres de matières génératrices qui constituent sa propre substance.

Quoi qu'il en soit, l'utérus de la mère est le réceptacle naturel de cet être, et l'organe que l'éternel a choisi pour veiller à sa conservation et à son développement. Il trouvera, désormais, dans cet organe, de quoi augmenter le volume de sa substance, et surtout la chaleur nécessaire pour mettre en jeu la puissance électrique qui doit solliciter les diverses combinaisons matérielles organiques qui vont incessamment s'établir.

Les matériaux sont prêts. Ils sont en présence les uns des autres. En vertu d'une idée première qu'aucun cerveau humain ne pourra jamais atteindre, ils vont continuer à agir et réagir les uns sur les autres. Les divers élémens organiques vont affecter des combinaisons variées : et telle est la source de la création successive des diverses parties organiques, parties dont l'ensemble doit constituer l'organisation entière.

Le cœur et les vaisseaux sont les premières parties qui se manifestent. Viennent ensuite les diverses portions du système nerveux. Ces deux premières créations de la matière organique vont servir désormais à la création successive des autres parties. Et, c'est ainsi que les vaisseaux et les nerfs deviennent les premiers rouages, les rouages essentiels, indispensables, de la machine organique, et les moyens matériels qui font un tout lié et coordonné des diverses parties qui composent cette admirable machine.

La formation des vaisseaux et des nerfs est donc un des premiers phénomènes dynamiques manifestés par la matière orga-

nique. Les autres phénomènes de vie qui
se manifestent successivement dans le
fœtus tiennent à l'action progressivement
augmentée de ces deux ordres d'organes,
et se rattachent entièrement à la théorie
de l'innervation que j'ai déjà donnée dans
le commencement de cét ouvrage, théorie
qu'il est par conséquent inutile de reproduire ici.

Je ferai observer, seulement, que la vie
préexiste nécessairement à la formation
des vaisseaux et des nerfs, attendu que si
elle ne préexistait point à cette formation,
la matière organique génératrice mixte
n'aurait pas plus de tendance à créer ces
organes que toute autre chose. Tout ce
qu'on peut dire de plus reculé sur cet important sujet, c'est que la vie émane de
la vie, et la matière organique de la matière organique. C'est que le mâle et la
femelle laissent détacher de leur substance
un échantillon de matière organique déjà
vivante, c'est-à-dire déjà composée d'élé-

mens matériels en *proportions* et *rapports* voulus, et déjà agitée par la chaleur, et surtout par le fluide électrique dont cette chaleur ne fait, peut-être, que favoriser l'action.

Telle est la vie propre au nouvel être depuis le premier moment de sa création jusqu'à celui de sa naissance. Cette vie résulte donc de l'action chimique permanente qui s'est établie entre les divers élémens de la matière organique fœtale, matière dont la mère, surtout, a presque entièrement fourni les matériaux.

Les divers appareils organiques sont formés. L'organisation entière est construite d'après un plan admirable qu'elle conservera désormais. Les diverses parties de cette organisation, toutes influencées et enchaînées par la distribution variée des vaisseaux et des nerfs (vaisseaux et nerfs qui en sont même les principaux élémens générateurs), jouent déjà réciproquement

les unes sur les autres. Le nouvel être est,
alors, comme on le dit, développé et ac-
cru. Il y a, en lui, une disposition de parties telle, qu'il pourra désormais avoir
une existence indépendante, et cesser, dès
ce moment, de faire partie de l'organe
utérin qui a veillé à son développement
et à sa conservation. Il est apte à voir le
jour. Il naît, enfin; et là se termine la durée de la vie intra-uterine, durée qui est
donc entièrement consacrée à la création
successive des diverses parties organiques.

VIE EXTRA-UTÉRINE.

C'est le temps qui s'écoule depuis le moment de la naissance du nouvel être jusqu'à celui de sa destruction. J'ai déjà fait
connaître l'ensemble des phénomènes dynamiques qui agitent la matière organique pendant cette période plus ou moins

longue de l'existence de l'homme et des animaux.

La vie intra-utérine se rattachait entièrement à l'existence du cordon ombilical, cordon qui était le moyen intermédiaire par lequel le sang artériel de la mère parvenait dans l'organe fœtal, et faisait ainsi entrer successivement en action, à la faveur des vaisseaux et des nerfs, les diverses parties de cet organe complexe. Au moment de la naissance, cet ordre de choses change entièrement. Le sang de la mère cesse plus ou moins promptement de se porter vers le fœtus, et l'existence de ce dernier serait soudainement compromise si la respiration qui est alors la fonction la plus urgente, n'entrait subitement en exercice. Auparavant, c'était la respiration de la mère qui élaborait et sa matière nutritive propre et la matière nutritive de l'organe fœtal qui lui appartenait encore. Maintenant, cet organe fœtal ne faisant plus partie constituante de l'organisation de sa mère, ne possède plus que la légère quantité de matière nutritive qu'elle vient de lui laisser; et , certainement, il va périr infailliblement si, instantanément, une fonction respiratoire semblable à celle de la mère ne vient s'établir chez lui, et continuer à réparer le peu de matière nutritive qui lui reste.

' Le mouvement dynamique général, qui, pendant la durée de la vie intra-utérine, agitait continuellement la matière organique du nouvel être, trouve donc dans la respiration qui vient d'entrer en exercice, le moyen de continuer à se manifester et de faire succéder ainsi la vie extra-utérine à la vie intra-utérine. C'est ainsi que la vie succède à la vie.

Mais la respiration ne suffit point au maintien de cette succession vitale. La digestion, c'est-à-dire la fabrication de la matière nutritive que la respiration est destinée à élaborer, doit aussi nécessairement s'établir, ainsi que les divers actes volontaires qui, en même temps qu'ils veillent à cette fabrication, veillent aussi à la conservation générale de l'être nouveau-né.

En poursuivant ainsi la série successive des divers phénomènes dynamiques qui se manifestent avant et après la naissance, on voit facilement que tous, sans exception, se rattachent au jeu propre à la matière organique, et que c'est au mouvement dynamique général qui en résulte, et à la coordination de ce mouvement par l'ame, que la vie tout entière doit sa manifestation.

Telle est l'idée que je me fais de la vie. Dans les animaux supérieurs parfaitement développés, ce mode d'existence se rattache donc entièrement à certaines conditions physiques dont les principales sont,

1° l'existence intègre d'un ensemble de canaux répandus partout, communiquant les uns avec les autres, et ayant à leur centre un organe d'impulsion, le cœur susceptible, en se contractant, de faire arriver, dans les divers points de l'organisation, le liquide organique nécessaire à la réparation des diverses parties qui la composent; 2° l'existence d'un ensemble de fils conducteurs, appelés nerfs, répandus aussi probablement partout, et ayant également à leur centre des organes particuliers (le cerveau, la moelle de l'épine et les ganglions) susceptibles de donner des directions variées aux courans galvaniques qui parcourent ces filets conducteurs, courans qui, comme nous l'avons déjà dit, trouvent leur source là même où le liquide précédent opère ses diverses métamorphoses, qui sont de véritables combinaisons chimiques ; 3° l'existence d'un organe creux, susceptible de se laisser pénétrer par l'air extérieur, et de telle sorte que cet air, presque en contact im-

médiat avec le sang veineux, sang qui af-
flue aussi en grande quantité dans cet organe, puisse redonner à ce sang, en se
combinant chimiquement avec lui, les
qualités qui le constituent liquide organique vraiment réparateur, qualités qu'il a
perdues en traversant les divers points de
l'organisation des animaux ; 4° l'existence
d'un appareil digestif, où la matière nutritive puisse trouver sa confection ; 5° enfin,
l'existence d'appareils sensitifs externes et
internes, et d'appareils musculaires volontaires, capables de veiller à cette confection.

Mais la vie se lie essentiellement à la circulation et à l'innervation, qui sont les
deux modes d'action des deux premières
conditions physiques dont nous venons de
parler ; tandis que la respiration, la digestion, les sensations, etc., etc., fonctions
assignées aux autres conditions physiques,
sont destinées seulement à maintenir dans

l'organisation les moyens propres à rendre possible la continuité de la circulation et de l'innervation.

FIN DE LA PREMIÈRE PARTIE.

NOUVELLE THÉORIE

DE LA VIE

DANS

L'HOMME ET LES ANIMAUX.

~~~~~~~~~~~~~~~~~~~~~~~~~~~~~~~

DEUXIÈME PARTIE.

PATHOLOGIE.

DYNAMIQUE DE L'ÊTRE VIVANT EN TANT QUE MALADE.

Nous venons de voir ce qui constitue l'organisation de l'homme et des animaux, et les nombreux effets qui, dans cette organisation, résultent de l'action et réaction chimique que les élémens matériels organiques qui la composent exercent continuellement les uns sur les autres.

Lorsque ces effets s'effectuent d'après le
~~~~~~~~~~~~~~~~~~~~~~~~~~~~~~~

rhythme normal des lois naturelles, c'est-
à-dire que par leur production, ils tendent
à la conservation de l'être vivant où ils se
réalisent, il en résulte constamment un
ordre particulier de phénomènes réguliers, nécessaires, habituels, qu'on désigne
collectivement sous le nom *d'état sain* de
cet être.

Ce mot *sain* n'est en effet que l'expression de la liberté avec laquelle les élémens
matériels organiques agissent, ou plutôt
c'est l'expression du but que la nature se
propose en leur donnant la faculté d'agir.

On sent facilement que la production
et le maintien de cet état sont essentiellement subordonnés à un ordre donné de
proportions et de rapports des élémens
matériels organiques, de telle sorte que
ces élémens, en proportions et rapports
voulus, venant à se combiner, puissent
réaliser les nombreux effets dont l'ensemble constitue l'être sain.

Supposons maintenant qu'un ordre inverse au précédent vienne accidentellement à s'établir; que, par l'effet d'une
cause quelconque, les proportions et les
rapports des élémens matériels organiques
soient changés : comme malgré ces changemens contre nature, ces élémens continuent à posséder la puissance dynamique
qui les régit, ils continueront également
à entrer en combinaison; mais les effets
qui en résulteront, loin d'être comme dans
l'état sain, seront, au contraire, insolites,
irréguliers, et tendront, suivant leur degré
d'intensité, à la destruction plus ou moins
prompte de l'être vivant où ils se réalise-
ront. Voilà *l'état malade* de l'être vivant.
Voilà, je crois, la clef de toute la pathologie.

Toutes les maladies, selon moi, reconnaissent donc la même source; et cette
source se trouve absolument dans les actions chimiques contre nature, qui peu-

vent accidentellement s'opérer dans la constitution matérielle des animaux.

Scrutez bien, en effet, la manière d'agir
d'une cause morbifique quelconque; et
toujours vous reconnaîtrez facilement,
1° un changement de proportions et
rapports moléculaires organiques, amené
par cette cause dans la partie même où
elle exerce son action ; 2° des actions
chimiques insolites résultant nécessairement de ce changement de proportions et
rapports moléculaires; 3° enfin, un trouble local ou général plus ou moins intense,
par les courans galvaniques divers qui sont
la conséquence inévitable de ces actions
chimiques.

Un exemple rendra cette assertion plus
sensible; exemple qui, du reste, servira
de modèle pour tous les cas pathologiques
possibles. Une aiguille à coudre est enfon-
cée profondément dans la paume de la
main : aussitôt, les molécules organiques

en circulation de la partie piquée par l'aiguille éprouvent une agitation plus ou moins prononcée, et, attirées dans cette partie par l'influence électrique que ce corps étranger exerce sur elles, s'agglomèrent, se groupent autour de ce corps et produisent ainsi la tuméfaction de la partie affectée. De la chaleur, de la douleur, etc., se déclarent en même temps; et, bientôt, un nouveau produit organique, appelé *pus*, trouve sa création au milieu de cet appareil morbide. Eh bien! n'y a-t-il pas ici changement de proportions et rapports moléculaires organiques? Le pus, véritable combinaison chimique organique nouvelle, aurait-il pu se former si les molécules organiques avaient conservé leurs proportions et rapports naturels? La douleur et le trouble local ou général de l'organisme, phénomènes qui se manifestent alors, peuvent-ils être rapportés à autre chose, sinon qu'au développement anormal du fluide électrique, et à l'irradiation de ce fluide dans les parties centrales

du système nerveux et du système circulatoire?

On peut déduire de là, je crois, les propositions suivantes:

I.

L'intensité du trouble morbide est
proportionnelle à l'intensité de l'action
chimique organique insolite d'où ce
trouble émane.

II.

Les solides et les fluides organiques
peuvent être tour à tour le siége primitif du trouble morbide, attendu que
tour à tour ils peuvent être modifiés
dans les proportions et les rapports
des principes médiats et des principes
immédiats qui les constituent.

III.

Cette modification morbide des solides et des fluides organiques peut
avoir lieu primitivement dans un
point quelconque de l'organisation de
l'homme et des animaux ; mais c'est surtout aux deux surfaces sensitives, interne et externe, qui terminent de toutes parts cette organisation, et qui,
par conséquent, sont sans cesse soumi-
ses à l'influence des corps extérieurs,
qu'en est, le plus ordinairement, le
premier point de départ.

IV.

Il n'y a point de maladies purement
vitales, attendu que la vie se rattachant
directement au jeu de la matière orga-

nique, elle ne saurait être altérée sans une modification préalable de cette matière.

V.

L'hérédité, le génie périodique, l'action soudainement délétère de certains poisons, etc., qu'on invoque ordinairement pour prouver l'existence de ces maladies, ne sont rien moins que des preuves fort illusoires, attendu que les maladies héréditaires, les maladies par empoisonnement quelconque, les maladies périodiques, etc., de même que toutes les autres maladies, ne se manifestent à nos sens que par les changemens matériels organiques qu'elles déterminent dans l'organisation.

VI.

Pour la production de ces maladies héréditaires et innées, la matière génératrice mixte se trouve déjà modifiée dans les proportions et les rapports des élémens matériels qui la constituent au moment même de la procréation du nouvel être; et, c'est tout simple, vu que cette matière émane d'une source viciée comme elle.

VII.

Il n'y a pas non plus de maladies purement morales, purement intellectuelles; car l'ame, puissance dynamique incorruptible, ne saurait être affectée péniblement, sans une modification morbide préalable de l'organisation matérielle vivante dont elle ne fait que coordonner et régulariser les mouve-mens.

VIII.

Aussi l'ame ne mérite aucune consi-dération dans la thérapeutique des ma-ladies; car, raccommodez la structure du sanctuaire que l'ame habite, et cette ame ne sera plus péniblement affectée; autrement dit, faites cesser les actions moléculaires organiques contre nature qui donnent lieu au développement des courans galvaniques irréguliers qui af-fectent l'ame désagréablement, et votre thérapeutique sera parfaite.

IX.

Il faut reconnaître, cependant,

un mouvement naturel généralement conservateur dans l'organisation de l'homme et des animaux ; mais comme ce mouvement n'est que l'expression de l'action et réaction chimique que les élémens matériels organiques, convenablement disposés, exercent continuellement les uns sur les autres, ce n'est qu'en agissant sur ces élémens et non en agissant sur l'ame immédiatement, qu'on peut favoriser la production de ce mouvement.

X.

Une maladie est locale, lorsque l'action chimique organique insolite qui la produit est peu intense, peu étendue, et que les masses centrales du système nerveux et les principaux organes de la circulation, sont peu influencés par les courans galvaniques qui émanent de cette action chimique.

XI.

Elle devient plus ou moins promptement générale lorsque ces courans, se portant spécialement sur le cœur, et étant assez intenses pour activer les contractions de cet organe, déterminent l'arrivée trop précipitée du sang artériel dans les divers points de l'organisation, et amènent ainsi une infinité de changemens dans les proportions et les rapports des molécules organiques, et, par conséquent, une infinité d'actions chimiques nouvelles et de développemens secondaires de courans galvaniques irréguliers.

XII.

Cette participation du système entier à la maladie est d'autant plus prompte, que le sang artériel, circulant partout avec plus d'activité, est déjà modifié dans sa nature par la présence insolite de certaines matières étrangères à l'organisation, matières qui s'y sont introduites accidentellement par la voie de l'absorption, ou qui y existent habituellement par voie d'hérédité.

XIII.

J'appelle maladie externe celle qui se manifeste dans un point quelconque de la grande surface sensitive, cutanée et muqueuse de l'organisation de l'homme et des animaux en général, surface qui, comme on sait, sert d'enveloppe commune à tous les organes, et est sans cesse modifiée par le contact des agens extérieurs.

XIV.

Une maladie est, au contraire, interne, lorsqu'elle se réalise dans un organe quelconque renfermé dans l'enveloppe cutanée et muqueuse dont je viens de parler.

XV.

Les maladies externes ne se déclarent pas toujours à l'occasion d'une irritation directe de la peau ou des membranes muqueuses. Leur apparition est fréquemment l'indice d'un trouble or-

ganique interne, plus ou moins intense,
trouble que ces maladies servent à faire
reconnaître, qu'elles compliquent quelquefois, mais que souvent, aussi, elles
terminent heureusement.

XVI.

Il est très important d'en faire une
étude sérieuse dans la pratique de la
médecine, attendu qu'il est des cas où
il est utile de favoriser et même de provoquer cette apparition, tandis qu'il
en est d'autres où il faut promptement
s'y opposer.

XVII.

Les maladies éruptives, en général,
doivent être considérées comme des af-
fections externes utiles, attendu que,

fréquemment, elles sont la solution du trouble organique intérieur, qui est la principale cause de leur manifestation : il en est de même de beaucoup d'hémorrhagies qui ont lieu par exhalation à la surface du système muqueux.

XVIII.

Il est néanmoins beaucoup de maladies qui sont purement externes; mais alors la cause et l'effet le sont également.

XIX.

La vigueur de la constitution se rattachant directement à la circulation dans tous les tissus d'un sang artériel bien pur, bien oxigéné, et, surtout, pourvu d'une matière nutritive bien élaborée, on conçoit que les maladies dites *sthéniques*, ou avec excès d'innervation, coexistent avec cet état particulier de l'organisation des animaux.

XX.

L'inverse a lieu dans les maladies dites *asthéniques* ou avec défaut d'innervation. En effet, ces maladies surviennent toujours dans une organisation peu développée, peu active, et, surtout, arrosée par un sang artériel généralement mal confectionné.

XXI.

La saison du printemps, l'habitation dans un lieu où l'air est pur, sec et fréquemment renouvelé ; l'usage d'une nourriture trop succulente, et surtout de substances douées d'une propriété électro-motrice très prononcée, etc., etc., sont les circonstances principales qui favorisent la manifestation des maladies *sthéniques*, maladies qui sont toutes caractérisées par un développement excédant de fluide électrique.

XXII.

Les maladies *asthéniques*, au contraire, se développent ordinairement sous l'influence d'une habitation prolongée dans des lieux bas, humides, et où l'air et la lumière se renouvellent difficilement; et, surtout, sous l'influence, plus pernicieuse encore, de l'usage prolongé d'une nourriture malsaine, et d'autres excès qui appauvrissent de plus en plus l'organisation.

XXIII.

Si les maladies paraissent si diverses dans la constitution matérielle de l'homme et des animaux, c'est que les causes qui les produisent sont les circonstances d'actions chimiques également diverses.

XXIV.

Souvent même l'action d'une seule cause morbifique peut devenir la source d'une infinité de troubles morbides, en donnant lieu à une infinité de changemens dans les proportions et les rapports des molécules organiques. Qui n'a été à même d'apprécier, par exemple, les nombreux désordres qui peuvent être la conséquence de la simple rentrée de la matière transpiratoire dans le torrent des fluides circulatoires, et de la nouvelle présence insolite de cette matière dans les divers points de l'organisation?

XXV.

L'irritation ou excitation est la circonstance première, le motif essentiel, le phénomène générateur de tout trouble morbide organique. C'est une véritable provocation au trouble, au désordre. C'est la circonstance même de la production de l'action chimique organique insolite qui constitue la maladie.

XXVI.

Dans le sens le plus général possible,

on peut entendre par irritation le *contact insolite* même qui peut accidentellement s'établir, soit entre les molécules organiques seulement dont les proportions et les rapports se trouvent fortuitement changés, soit entre ces molécules et les divers corps extérieurs qui les entourent.

XXVII.

Il suit de là que les causes de l'irritation sont partout. On les trouve, en effet, hors de l'organisation comme dans l'organisation même. C'est absolument la matière organique agissant et réagissant accidentellement sur elle-même, et le reste de la matière universelle agissant et réagissant accidentellement sur la matière organique. C'est donc au milieu des corps nombreux qui les entourent, c'est donc dans les combinaisons même de leur propre substance que les êtres animés trouvent les sources infiniment variées de leur conservation et de leur destruction.

XXVIII.

A l'instar des chimistes, je divise les causes irritantes en *pondérables* et en *impondérables*.

XXIX.

Les causes *pondérables* sont les divers corps matériels simples, composés et surcomposés qui, par leur ensemble, constituent l'univers; ces divers corps pouvant être, d'ailleurs, solides, liquides ou gazeux, minéraux, végétaux ou animaux; enfin, externes ou internes, suivant que, venus du dehors, ils agissent seulement sur les surfaces cutanée et muqueuse (1) de l'organisation en général, ou suivant qu'étant partie constituante de cette même organisation, ou s'y étant introduits par la voie de l'absorption, ils agissent sur les divers points des tissus organiques avec les-

---

(1) Ces surfaces cutanée et muqueuse, par leur continuité, constituent un véritable sac sans ouverture dans lequel les divers organes se trouvent contenus, logés, enveloppés. Elles sont le premier abri protecteur des organes. Elles font, en quelque sorte, l'office d'une barrière qui veille à ce qui entre dans l'organisation et à ce qui en sort. Limites dernières de l'existence des animaux, elles ont avec le reste de l'univers les relations les plus nombreuses et les plus variées. C'est absolument à la nature de ces relations qu'est due la conservation ou la destruction de ces mêmes animaux.

quels les fluides circulatoires les mettent sans cesse en contact.

XXX.

Les causes *impondérables* sont la lumière, le calorique et surtout le fluide électrique, principe générateur peut-être des deux autres, et soit que ce fluide vienne seulement des corps extérieurs, soit qu'il se développe accidentellement dans l'organisation même de l'homme et des animaux.

XXXI.

Toutes ces causes sont des excitans, des aiguillons, si je puis m'exprimer ainsi, qui, par leur contact fortuit (irritation) sur un point quelconque de l'organisation de l'homme et des animaux, font constamment prédominer sur ce point l'action chimique organique qui s'y produit habituellement, et y déterminent, par conséquent, une accumulation plus ou moins prononcée de molécules organiques en circulation.

XXXII.

Cette accumulation des molécules organiques, premier effet, effet inévitable de l'irritation, ne manque jamais de se manifester, quelles que soient d'ailleurs la nature particulière de la cause qui produit cette irritation, et la nature du tissu sur lequel cette même cause exerce son action. Seulement elle est plus ou moins appréciable suivant la texture plus ou moins serrée des divers tissus organiques où elle survient, et suivant aussi l'intensité plus ou moins grande du contact insolite d'où elle émane.

XXXIII.

Ce phénomène morbide primitif est, selon moi, un phénomène purement physique. Je l'attribue à l'action électrique réciproque qui s'établit entre le corps irritant et les molécules organiques avec lesquelles ce corps se trouve fortuitement en contact. Si ces molécules éprouvent alors, en effet, une agitation plus prononcée, si elles cherchent à se porter et à se grouper dans la partie irritée; si, après leur accumulation, elles continuent à être agitées par une sorte de mouvement alternatif d'attraction et de répulsion (toutes choses visibles, au reste, à l'aide du microscope), nul doute que ces phénomènes ne soient des phénomènes purement électriques.

XXXIV.

C'est dans l'action chimique organique prédominante qui se manifeste à l'occasion d'une irritation quelconque, et dans l'accumulation ou fluxion insolite des molécules organiques circulatoires qui en résulte dans la partie irritée, qu'existe le point de départ de toutes les modifications organiques morbides capables de compromettre l'existence de l'homme et des animaux; et ce n'est que dans l'étude approfondie des causes et des effets sans nombre de cette action chimique organique contre nature, que l'art médical peut trouver son avancement, et le pathologiste les bases d'une saine nosologie.

XXXV.

Voici les phénomènes morbides les plus appréciables qui peuvent en être la conséquence : ce sont, 1° la douleur; 2° l'accélération des mouvemens du cœur et des vaisseaux; 3° un trouble local ou général de l'organisme plus ou moins intense; 4° l'augmentation de la chaleur animale; 5° la création d'une infinité de produits organiques morbides; 6° enfin, la mort locale ou générale lorsque ces diverses modifications organiques sont portées au delà de toutes limites.

XXXVI.

La douleur est la perception par l'ame d'un courant galvanique *centripète* qui émane d'une partie irritée quelconque, et qui se dirige vers le centre sensitif à la faveur des cordons nerveux cérébraux ou spinaux qui y aboutissent.

XXXVII.

L'irritation de la matière cérébrale(1) et, par conséquent, le développement

---

(1) Un courant électrique peut devenir cause irritante en électrisant trop fortement la partie sur laquelle il se dirige, et en y changeant par conséquent le mode d'attraction et de répulsion moléculaires. C'est de cette manière que, selon moi, l'irritation d'une partie s'irradie sur d'autres parties plus ou moins éloignées.

d'un nouveau courant, alors *centrifuge*, sont la conséquence inévitable de l'action de ce courant *centripète* primitif.

XXXVIII.

Ce nouveau courant *centrifuge*, par son irradiation, en général, sur la partie organique périphérique primitivement irritée, est, selon moi, la cause qui fait rapporter la douleur à cette même partie.

XXXIX.

Ce même courant, par son transport sur les organes contractiles, peut mettre le désordre dans les mouvemens opérés par ces organes (convulsions, spasme, etc.), et même activer les mouvemens en vertu desquels le sang circule, si, en même temps, il se dirige sur le cœur et les autres portions du système vasculaire.

XL.

Dans ce dernier cas, le courant galvanique centrifuge cérébral ou spinal, parvient aux organes circulatoires en suivant la direction des cordons nerveux qui unissent les nerfs spinaux aux nerfs ganglionnaires, cordons qui, comme nous l'avons déjà vu, sont essentiels à la non-interruption des mouvemens de la circulation (Legallois).

XLI.

Le courant galvanique *centripète* primitif que nous avons dit être l'agent producteur de la douleur, par la pré-

dominance d'action chimique organique secondaire qu'il détermine dans la
pulpe cérébrale, peut amener une véritable maladie de l'encéphale, maladie
qui, alors, devient une complication
de celle qui a donné naissance à ce courant galvanique centripète primitif.
C'est de cette manière que le cerveau
s'affecte à la suite des maladies graves
des organes de la poitrine, des organes
de l'abdomen, des organes pelviens, et
même des membres. Tous les jours, en
effet, on voit une pneumonie, une pleurésie, une gastrite, une entérite, une
hépatite, une néphrite, une cystite,
une métrite, une inflammation étendue
d'une extrémité quelconque, etc., etc,
s'aggraver par la part plus ou moins
grande que les masses centrales du sys-

tème nerveux prennent à ces diverses maladies, maladies qui, réellement, doivent être considérées comme autant de laboratoires chimiques où se dégagent des courans galvaniques *centripètes* continuels.

XLII.

La matière cérébrale ou spinale peut néanmoins être quelquefois le siége primitif de l'irritation et du travail chimique organique morbide qui s'ensuit. Dans ce cas, on n'observe qu'un développement de courans galvaniques centrifuges, courans qui, dirigés vers les organes périphériques, peuvent également produire les phénomènes morbides que j'ai signalés tout-à-l'heure, c'est-à-dire des mouvemens convulsifs, le spasme, une activité plus grande dans les mouvemens circulatoires, une exaltation insolite des phénomènes sensitifs externes et internes, le trouble des fonctions intellectuelles, etc.

XLIII.

La paralysie et le ralentissement des mouvemens des organes de la circulation, phénomènes morbides directement opposés aux précédens, sont aussi des effets fréquens de l'irritation de la matière cérébrale ou spinale, et soit que cette irritation ait été l'effet de l'action d'un courant centripète, soit qu'elle se soit déclarée primitivement dans le cerveau ou la moelle de l'épine. On peut aussi observer, alors, une diminution d'énergie dans les facultés sensitives et même une abolition plus ou moins complète dans l'exercice des fonctions de l'intelligence. J'expliquerai plus loin comment je conçois que des phénomènes morbides si opposés peuvent être la conséquence d'un travail chimique organique morbide du cerveau ou de la moelle de l'épine.

XLIV.

Ces circonstances morbides ne sauraient servir néanmoins à faire rejeter la supposition probable de l'existence d'une ame immortelle dans l'homme, car elles laissent entrevoir tout au plus que cette ame cesse alors de manifester ses actes, parce que l'instrument

matériel dont elle se servait pour cela
ne répond plus à ses intentions (1).

XLV.

L'accélération des mouvemens du

---

(1) Cette proposition paraîtra conjecturale sans
doute. Il est certain que personne n'a jamais vu l'ame
et n'a pu en démontrer l'existence par des preuves
physiques directes. Je sens cette vérité aussi bien que
qui que ce soit. Mais de ce que nos organes des sens
n'ont jamais pu s'exercer sur ce principe dynamique
immatériel, faut-il en conclure qu'il n'existe point?
Non, tant s'en faut; car, à tout prendre, il y a toujours plus de probabilités en faveur de l'existence de
ce principe, qu'en faveur de sa non-existence. Ainsi,
par exemple, le psychologiste peut au moins prendre
à témoin la coordination admirable des phénomènes
moraux, phénomènes que rien dans la physique ne
peut expliquer, tandis que son adversaire ne peut
rien invoquer, attendu qu'il rejette ce moyen d'induc-
tion, le seul, cependant, qu'en matière aussi diffi-
cile, il soit possible de prendre en considération.

cœur et des vaisseaux, effet très fré-
quent de l'irritation, est produite par
l'action d'un courant galvanique centripète ou centrifuge, qui émane d'une
partie organique irritée quelconque, et
qui se dirige vers les organes circulatoires à la faveur des cordons nerveux
ganglionnaires qui s'y distribuent.

XLVI.

Cette accélération peut être locale ou
générale. Elle est locale lorsque l'action
chimique organique insolite qui produit le dégagement du courant galvanique, est peu étendue, peu intense, et
que ce courant se borne seulement à
activer les mouvemens vasculaires de la
partie affectée et des parties adjacentes
à cette dernière. Elle est, au contraire,

générale lorsque cette action chimique est très intense, et que le cœur et les vaisseaux en général se trouvent influencés par les courans galvaniques divers qui émanent de cette action chimique.

XLVII.

L'arrivée trop précipitée des fluides circulatoires dans les divers points de l'organisation, et par conséquent un surcroît général de chaleur et d'innervation, sont la conséquence inévitable de l'accélération des mouvemens du cœur et des vaisseaux.

XLVIII.

Une infinité d'irritations et d'actions chimiques organiques nouvelles peuvent aussi se manifester alors, attendu

que presque toutes les parties organiques se trouvent modifiées dans les proportions et les rapports des principes
immédiats qui les constituent.

XLIX.

C'est ainsi que les maladies se compliquent; c'est ainsi que le trouble local
ou général de l'organisme, connu sous
le nom de *fièvre*, survient. C'est là
qu'une infinité de produits organiques
nouveaux peuvent prendre naissance;
enfin, c'est aussi là que la mort locale
et la mort générale de l'être vivant peuvent trouver leur source.

L.

Les produits organiques morbides

qui peuvent se former à la suite de l'irritation, varient à l'infini suivant la nature du corps irritant et suivant aussi la nature de la partie où ce corps exerce son action.

LI.

Quelquefois ce n'est qu'une simple exagération des produits organiques naturels, comme cela arrive, généralement, lorsque l'irritation se réalise, par exemple, dans un organe sécréteur quelconque. Tel est l'*excès* de sueur, de sérosité, de salive, de mucus, de bile, de suc pancréatique, d'urine, de sperme, etc., qui peut survenir à la suite d'une prédominance d'action chimique organique dans les systèmes cutané,

séreux, muqueux, glandulaire, etc,
excès (1) qui est réellement morbide,
attendu qu'il constitue un changement
accidentel dans les proportions et les
rapports des molécules organiques, et
qu'il s'accompagne d'un trouble plus
ou moins intense dans les phénomènes

---

(1) Ce qu'on nomme habituellement *diathèses* hu-
morales n'est autre chose que cet excès de produits
organiques naturels. Cet excès porte quelquefois sur
l'hématose ou formation du sang. On a vu, en effet,
des maladies dans lesquelles le sang se renouvelait si
facilement, que dix, douze et même quinze saignées
étaient à peine suffisantes pour remédier à cette col-
liquation sanguine. D'autres fois, cet excès porte sur
la création du phosphate calcaire. M. le professeur
Lordat citait à ce sujet un fait bien intéressant dans
ses leçons savantes de physiologie. C'était un magis-
trat de Montpellier qui, après certaines attaques de
goutte, rendait, par les urines, des quantités énor-
mes de phosphate calcaire.

dynamiques manifestés par les systèmes organiques précédens.

LII.

D'autres fois, le travail chimique organique morbide donne naissance à des produits qui sont tout-à-fait nouveaux pour l'être vivant où ils se réalisent. Tels sont le *pus*, les *fausses membranes*, des substances *lardacées* variables, les matières organiques *cancéreuse, miasmatique, tuberculeuse, mœlanée, syphilitique, variolique, rubéique, rabéique, herpétique, psorique, scrophuleuse*, et bien d'autres matières inconnues propres à l'érysipèle, à la scarlatine, au penphigus, à la miliaire, à la variole, à la lèpre, à la goutte, etc.

LIII.

L'art est généralement très arriéré sur la connaissance exacte de la composition chimique de ces divers produits organiques contre nature, et du degré d'influence qu'ils exercent dans l'organisation de l'homme et des animaux. Il est cependant de la plus haute importance d'en faire une étude sérieuse; car, c'est souvent à la présence insolite de quelques uns de ces produits dans l'économie, que se rattache la difficulté et même l'impossibilité de guérir certaines maladies.

LIV.

La mort *locale* survient dans une partie organique quelconque, lorsque

à la suite de l'irritation et du travail
chimique organique morbide qui accompagne cette irritation, l'innervation
et la circulation se trouvent anéanties
localement dans cette partie.

LV.

Cette mort locale, appelée *gangrène*
lorsqu'elle survient dans les parties mol-
les, et *nécrose* lorsqu'elle se manifeste,
au contraire, dans le tissu osseux, résulte, en effet, de la destruction ou
désorganisation des vaisseaux et des
nerfs dans la partie affectée.

LVI.

La mort *générale* est l'extinction générale de la circulation et de l'innervation, par suite de modifications orga-

niques graves survenues dans les principaux organes de la vie.

LVII.

Les maladies des principaux organes
de la circulation, de l'innervation, de
la respiration et de la digestion, sont
les causes principales qui peuvent oc-
casionner la mort générale.

LVIII.

Les maladies des autres parties organiques peuvent aussi devenir mortelles,
mais ce n'est jamais qu'en affectant con-
sécutivement les uns ou les autres des
organes principaux dont nous venons
de parler.

LIX.

Les maladies du cœur et des vaisseaux consistent toujours dans un travail chimique organique insolite qui s'établit accidentellement dans les parois de ces organes, et d'où peuvent résulter l'épaississement, l'amincissement ou même la rupture complète de ces parois, et par conséquent la mort générale, par suite de l'épanchement du sang et de l'interruption de la circulation.

LX.

Le travail chimique organique insolite qui se réalise dans un point quelconque du cerveau ou de la moelle de l'épine, peut produire deux genres opposés de maladies; savoir : des maladies par *excès d'innervation*, et des maladies par *défaut d'innervation*.

LXI.

Les maladies par *excès d'innervation*, telles que les mouvemens convulsifs, le spasme fixe, général ou partiel, les hallucinations ou erreurs des sens, etc., etc., ont lieu, principalement, lorsque la substance blanche nerveuse conductrice, participant peu au travail chimique morbide de la substance grise, conserve plus ou moins intègre sa faculté conductrice, et permet aux courans galvaniques centrifuges irréguliers (qui émanent de ce travail chimique organique morbide) de se diriger librement vers les organes périphériques, où les nerfs cérébraux et spinaux aboutissent.

LXII.

Les maladies par *défaut d'innerva-tion*, telles que l'engourdissement et la paralysie plus ou moins complète des organes sensitifs et des organes loco-moteurs, surviennent, au contraire, lorsque le travail chimique morbide de la substance grise cérébrale ou spinale, envahit aussi la substance blanche et anéantit, plus ou moins complétement, dans cette substance, la faculté conduc-trice qu'elle possède.

LXIII.

La substance blanche nerveuse céré-brale ou spinale perd alors sa faculté conductrice, parce qu'elle se trouve plus ou moins désorganisée par l'abord accidentel, soit d'une trop grande quantité de sang, soit d'une trop grande quantité de sérosité.

LXIV.

Les maladies des méninges sont d'abord accompagnées d'un *excès d'innervation*, parce que la substance grise cérébrale ou spinale, immédiatement en contact avec ces méninges, participe plus ou moins à leur irritation, devient elle-même le siége d'une action chimique organique prédominante, et donne lieu, par conséquent, à un développement excédant de courans galvaniques centrifuges. Mais le défaut d'innervation se manifeste bientôt par la propagation du mal jusqu'à la substance blanche; et telle est, en effet, très probablement, la cause constante de la mort dans les maladies encéphaliques. C'est généralement un défaut d'innervation qui succède à un excès d'innervation.

LXV.

Il existe souvent des maladies nerveuses locales par excès d'innervation, comme par défaut d'innervation.

LXVI.

Les douleurs nerveuses (névralgies) et rhumatismales sont, à mes yeux, des maladies nerveuses locales avec excès d'innervation. Elles consistent dans des courans galvaniques irréguliers qui se portent d'une partie à l'autre en suivant la direction des cordons nerveux, et

qui émanent toujours de quelque travail chimique organique morbide qui
se réalise accidentellement dans quelques points du système nerveux.

LXVII.

Les maladies nerveuses locales par
défaut d'innervation résultent généralement de la désorganisation plus ou
moins complète des cordons nerveux,
cordons qui cessent alors d'exercer
leurs fonctions, parce que le travail
chimique organique insolite de leur
propre substance, leur fait perdre la
faculté conductrice qu'ils possèdent.
Telle est, selon moi, la paralysie locale
qui se manifeste dans une partie organique quelconque, à la suite de la des-

truction des cordons nerveux qui se distribuent dans cette partie.

LXVIII.

Les maladies des principaux organes de la respiration, telles que les maladies qu'on désigne sous le nom de croup, de trachéite, de bronchite, de pneumonie, de pleurésie, etc., etc., sont fréquemment mortelles, parce qu'elles troublent ou suspendent même, plus ou moins complétement, la fonction importante (respiration) qui rend possible l'entretien continuel de la circulation et de l'innervation.

LXIX.

L'irritation de la membrane muqueuse qui tapisse les divers points de l'étendue du conduit aérien, conduit qui, comme on sait, par ses nombreuses divisions devient partie constituante du tissu du poumon même, est ordinairement la source première de toutes ces maladies.

LXX.

Il est possible, néanmoins, que l'irritation se réalise aussi primitivement dans le tissu inter-vésiculaire du poumon, ou dans le tissu de la plèvre costale et de la plèvre pulmonaire. Mais alors la cause irritante est déposée dans ces organes par les fluides circulatoires, soit sanguins, soit lymphatiques, ou bien l'irritation y est provoquée par le transport insolite de quelque courant galvanique centripète ou centrifuge, qui émane lui-même d'un autre organe malade plus ou moins éloigné.

LXXI.

Les maladies du poumon, quelles qu'elles soient, surviennent donc toujours à l'occasion d'une irritation externe ou d'une irritation interne du tissu de cet organe.

LXXII.

Les causes qui produisent l'irritation externe viennent toutes de l'extérieur. Elles sont infiniment nombreuses. Tels sont les divers corps pondérables simples ou composés, gazeux, liquides ou solides, minéraux, végétaux ou animaux, que l'air inspiré peut introduire accidentellement dans le tissu du pou-

mon, et mettre fortuitement en contact avec la membrane muqueuse qui
tapisse cet organe.

LXXIII.

Les causes de l'irritation interne (irritation du tissu inter-vésiculaire) cir-
culent avec nos humeurs. Elles sont
aussi très nombreuses. Telles sont : l'hu-
meur de la transpiration pulmonaire
et cutanée, les matières dartreuse, syphilitique, variolique, rubéique, rabéique, purulente critique, etc., etc.

LXXIV.

La prédominance d'action chimique
des fluides circulatoires, et, par conséquent, l'accumulation insolite de ces
fluides dans le tissu du poumon (flui-

des qui peuvent donc être purs ou altérés par la présence de matières étrangères), sont l'effet inévitable de cette irritation externe ou interne. C'est là aussi que l'excès de mucosités bronchiques et la création des matières organiques nouvelles, connues sous les noms de matières tuberculeuse et mœlanée, trouvent leur origine, ainsi que la toux, la difficulté de respirer et les autres troubles morbides qui accompagnent ordinairement les maladies du poumon.

LXXV.

Les maladies de l'estomac et du tube digestif en général sont extrêmement fréquentes, en raison des nombreuses relations de la membrane muqueuse qui tapisse ce tube avec les corps extérieurs. Elles peuvent être plus ou moins graves, suivant le degré d'interruption qu'elles amènent dans la confection de la matière nutritive, et suivant aussi la part plus ou moins grande qu'y prennent les autres principaux organes de la vie. La mort en est souvent le résultat.

LXXVI.

La thérapeutique des maladies consiste uniquement à entraver la marche des actions chimiques organiques insolites qui les produisent, et à ramener par là l'état malade de l'être vivant à l'état sain.

LXXVII.

Il y a, selon moi, autant de moyens

pour parvenir à un but aussi désirable, qu'il y a de causes productrices des maladies ; car, telle cause ou corps qui est morbifique dans une circonstance, peut être moyen curatif dans une autre. Je crois, en effet, qu'il peut y avoir autant d'agens curatifs qu'il y a de corps pondérables et impondérables dans la nature. Seulement la curation se trouve dans l'*à propos* de l'application de ces divers corps (1).

LXXVIII.

Cet *à propos* d'application des di-

---

(1) Les expériences que j'ai faites sur les animaux vivans avec des moyens qu'on ne trouve point encore sur la liste ordinaire des médicamens, m'autorisent à établir cette proposition. En effet, avec des corps dont l'action sur les tissus des animaux n'a point été

vers moyens thérapeutiques, est le seul *secret* utile, certain, efficace, auquel on puisse avoir recours dans le traitement des maladies, et ce secret ne se trouve, sans contredit, que dans ce qu'on appelle le *tact* médical d'un médecin philanthrope, vraiment éclairé et surtout bon observateur. Aussi ne peut-on jamais se vanter de savoir saisir cet *à propos*, qui est le moment *d'élection* même pour agir avec certitude contre une maladie, qu'après une longue suite de veilles, de méditations, et surtout d'expériences

---

encore constatée, j'ai souvent fait cesser des irritations très étendues que j'avais moi-même provoquées, et que, certainement, je n'aurais pu détruire aussi promptement avec les agens thérapeutiques qu'on emploie ordinairement pour cela. Je ferai connaître plus tard le résultat de mes recherches à cet égard.

pratiques. En effet, l'âge, le sexe, le
tempérament, la profession du malade,
l'état de vigueur ou de faiblesse de la
constitution, le climat, la saison, le
siége, la nature et l'époque de la maladie, etc., etc., sont autant de circonstances qui font varier à l'infini cet *à
propos*, et qui imposent ainsi au médecin une étude toujours nouvelle.

LXXIX.

Cette étude est encore généralement
basée sur l'empirisme dans le monde
médical. Elle ne pourra, désormais,
créer une science exacte, sûre, ration-
nelle, invariable, qu'autant qu'elle s'ap-
pliquera à la juste appréciation de l'influence réciproque que les élémens matériels organiques et inorganiques exer-

cent continuellement les uns sur les autres, appréciation qui, seule, en effet, peut faire de la thérapeutique, de même que des autres parties de la science de l'homme et des animaux, une science vraiment physique.

LXXX.

Les évacuations sanguines en général et la diète sont des moyens curatifs puissans, parce que, diminuant directement la quantité des fluides circulatoires, elles affaiblissent nécessairement l'intensité des actions chimiques organiques morbides.

LXXXI.

Ces moyens conviennent évidemment dans les maladies *sthéniques*, quels que

soient d'ailleurs les organes spécialement affectés.

LXXXII.

Ils sont, au contraire, très nuisibles
dans les maladies asthéniques, attendu
que ces maladies consistant essentiellement dans une innervation peu active,
elles seraient nécessairement augmen-
tées par la soustraction du liquide organique, déjà trop peu abondant, qui
donne naissance à cette innervation.

LXXXIII.

Comme l'action électro-motrice du
sang artériel sur les tissus animés devient d'autant plus grande que les matériaux salins de ce liquide sont plus
rapprochés (ce qui a lieu ordinairement

dâns les maladies sthéniques), le meilleur moyen de s'opposer à l'excès d'innervation qui peut en résulter dans l'organisation de l'homme et des animaux, est d'employer des boissons et injections aqueuses en assez grande quantité. Ces agens (peu électro-moteurs lorsque surtout on a le soin de ne pas leur associer trop de sucre ou de quelque principe acide), parvenant dans le torrent de la circulation, produisent l'effet désiré, en étendant les matériaux salins du sang, et, par conséquent, en ramenant ce liquide à ses proportions et rapports habituels.

LXXXIV.

Tel est l'effet de l'eau tiède, de l'eau légèrement gommée, de l'eau de guimauve et de graine de lin, de l'eau d'orge et de riz, des bains d'eau tiède, des cataplasmes émolliens, etc., etc., effet qu'il faut d'autant plus s'empresser de produire, que le malade est plus fort, plus robuste, plus excité, et qu'il habite un climat où la chaleur, plus ou moins excessive, entraîne une déperdition plus grande de principes aqueux du fluide sanguin.

LXXXV.

La soustraction d'une certaine quantité de sang, la diète et l'usage des moyens aqueux précédens, ne suffisent pas toujours pour pouvoir obtenir la cure entière des maladies sthéniques. Ce sont, sans contredit, les moyens les

plus généralement utiles et ceux qu'on
doit presque toujours employer en premier lieu; mais qu'on se garde de croire
qu'ils soient essentiellement curatifs
dans tous les cas. Il est des circonstances, au contraire, dans lesquelles la production de certaines actions chimiques
organiques particulières, à l'aide d'autres moyens divers qu'on trouve dans
la nature, est accompagnée de résultats
bien plus fructueux, et que l'ignorance
et la prévention seules ont pu faire dédai-
gner. En effet, certaines maladies sthéniques sont quelquefois bien plus sûre-
ment guéries par un vomitif, un pur-
gatif, un vésicatoire, etc., etc., que par
le traitement précédent dit antiphlo-
gistique. C'est donc un tort notable fait
à la science et à l'humanité, que de res-

treindre de plus en plus la liste des médicamens utiles.

LXXXVI.

Les vésicatoires, les cautères, les moxas, l'application du calorique en général, les cataplasmes et lotions synapisés, les frictions stimulantes, etc., etc., sont tous des moyens extérieurs dont l'action sur le tissu cutané de l'organisation est de faire constamment prédominer l'action chimique des fluides circulatoires dans la partie de ces tissus où on les applique, et de produire par là, dans cette partie, un surcroît de mouvement vital favorable à la guérison de beaucoup de maladies.

LXXXVII.

Il en est de même des sialogogues, des

sternutatoires, des expectorans stimulans, des vomitifs, des purgatifs, des
stimulans de la muqueuse génito-uri-
naire, etc. ; tous moyens qui, en même
temps qu'ils provoquent l'expulsion de
certaines matières irritantes, font aussi
prédominer dans les diverses portions
du système muqueux l'action chimique
qui s'y produit habituellement.

LXXXVIII.

En général l'emploi de ces divers
moyens n'est avantageux dans le traitement des maladies sthéniques, que
lorsqu'on a préalablement diminué par
la saignée, la diète et les boissons
aqueuses, l'excitation générale de l'organisme. Autrement ce sont des exci-
tations partielles qui augmentent con-

stamment cette excitation générale. Ce sont des développemens partiels de fluide électrique, ajoutés à un développement général, déjà trop intense, du même fluide.

LXXXIX.

Mais lorsque le système entier est peu ébranlé par la maladie d'un organe quelconque, et que, du reste, les fluides circulatoires ne sont pas en trop grande surabondance dans l'organisation, qu'il n'y a pas, en un mot, excès général d'innervation, on peut se servir très utilement de ces divers moyens.

XC.

Les diverses portions du système

cutané et du système muqueux sont les parties organiques sur lesquelles on les fait agir, parties qui servent ainsi à substituer un travail chimique organique morbide, à un autre travail chimique que l'on cherche à combattre.

XCI.

Les lieux d'élection pour agir ainsi, en thérapeutique, varient à l'infini suivant la nature de la maladie et suivant l'organe qui en est le siége.

XCII.

Dans les maladies sthéniques de la tête, telles que l'encéphalite, l'apoplexie ou hémorrhagie cérébrale, l'arachnitis, l'ophthalmie, l'otite, la glossite, l'inflammation des glandes salivaires, l'esquinancie, etc., après la soustraction d'une quantité suffisante de sang (pour diminuer l'excès général d'innervation), on se trouve généralement très bien de faire prédominer l'action chimique des fluides circulatoires dans les membres inférieurs et notamment dans la portion inférieure du tube digestif.

XCIII.

Ce n'est qu'avec beaucoup de précautions qu'on peut provoquer cette prédominance d'action chimique organique près du lieu malade, car souvent, alors, loin de diminuer la maladie, on l'augmente.

XCIV.

Les mêmes observations peuvent

être faites relativement aux maladies thoraciques et abdominales, et même relativement aux maladies des membres. En effet, c'est également sous l'influence bien dirigée des moyens précédens que se trouve souvent la guérison. Dans la pratique de la médecine on a donc deux routes bien tracées pour parvenir à la cure d'une maladie quelconque. Ce sont, 1° la soustraction, par divers moyens, d'une quantité suffisante de produits organiques; 2° la provocation d'une maladie nouvelle dans le but d'en combattre une autre plus dangereuse.

C'est ainsi que les divers agens naturels jouent tour-à-tour le rôle d'agens pathologiques et d'agens thérapeutiques. Enfin c'est aussi de la même manière que ces divers agens, par l'action et réaction chimique qu'ils exercent continuellement les uns sur les autres, constituent l'état sain et l'état malade de l'homme et des animaux.

FIN DE LA DEUXIÈME ET DERNIÈRE PARTIE.

RAPPORT

A

L'ACADÉMIE ROYALE DE MÉDECINE

DE PARIS,

SUR

LE SYSTÈME DU DOCTEUR L. BACHOUÉ.

ACADÉMIE ROYALE
DE MÉDECINE.

Extrait des procès-verbaux de l'Académie.

SECTION DE MÉDECINE.

SÉANCE DU 24 JUIN 1828.

RAPPORT

Sur un Mémoire de M. le docteur J. P. L... Bachoué, intitulé : *Essai sur une nouvelle théorie des fonctions du système nerveux dans les animaux*, suivi de quelques vues de pathologie.

EXTRAIT DES RÉGLEMENS.

Art. 33.

Les copies et les extraits des rapports peuvent être délivrés aux parties intéressées, lorsque l'Académie le juge convenable ; mais sous la condition expresse qu'il n'y sera fait d'addition, altération, ou changement d'aucun genre.

Certifié par le secrétaire de la section de médecine remplaçant le secrétaire perpétuel absent.　　　ADELON.

Messieurs,

Dans une de vos dernières séances vous avez chargé MM. *Adelon*, Hip. *Cloquet* et moi de vous rendre compte d'un mémoire adressé par M. le docteur J. P. L... Bachoué, ayant pour titre : *Essai sur une nouvelle théorie des fonctions du système nerveux dans les animaux, suivi de quelques vues de pathologie.* Je viens aujourd'hui vous faire connaître ce travail qui nous a paru digne de fixer votre attention sous plusieurs rapports.

Dans ces dernières années aucune partie de l'organisation n'a été l'objet d'investigations plus répétées que le système nerveux. Si l'on demandait quelle peut avoir été la cause de cette direction des esprits, il suffirait de rappeler que cet appareil important enchaîne toutes les fonctions de l'économie, qu'il n'en est pas une qui ne soit soumise à son influence, et qu'à son histoire se rattache celle des facultés les plus élevées de notre espèce; on pourrait ajouter que l'esprit plus sévère que l'on porte aujourd'hui dans l'étude des sciences, et qui ne permet plus d'adopter

sans examen telle ou telle opinion, parce
qu'elle est appuyée sur un grand nom,
enfin, que le besoin d'avoir des connais-
sances positives sur tous les phénomènes
de la nature, sont autant de motifs qui
expliquent assez pourquoi les recherches
ont été ainsi spécialement dirigées dans
le but de dissiper l'obscurité qui existe
encore sur les fonctions générales et partielles du système nerveux. L'observation
clinique et les expériences sur les animaux
vivans ont tour-à-tour été invoquées pour
résoudre les questions multipliées qui ap-
partiennent à la physiologie et à la pathologie de ce système; la solution d'un assez
grand nombre d'entre elles a été proposée
par plusieurs sociétés savantes, et l'Académie royale de médecine ouvrit elle-même
un concours qui a produit sur cette matière un travail remarquable.

La plupart des médecins qui se sont li-
vrés à cette étude n'ont pas puisé leurs
matériaux au delà des bornes de l'obser-

vation directe; ils ont cherché dans l'organisation elle-même l'explication de cet ordre de phénomènes et la connaissance des conditions matérielles d'où dépend leur manifestation. Interrogeant à la fois la nature vivante et le cadavre, ils sont arrivés à des résultats qui, s'ils ne sont pas tous également concluans, reposent du moins sur des faits que la science consultera toujours avec fruit. Cette voie expérimentale, quoique sujette à erreur, n'en est pas moins celle qui peut fournir les inductions les plus rationnelles; mais elle n'est applicable qu'à ce qui est accessible aux sens. Aussi l'explication des phénomènes organiques qui cessent d'être sensibles, n'étant pas jusqu'à présent susceptible d'une démonstration inattaquable, ne peut avoir pour appui que le raisonnement ou des analogies plus ou moins fondées.

Ces dernières réflexions peuvent s'appliquer au travail qui vous est soumis, dans lequel l'auteur, M. le docteur Bachoué, cherche à pénétrer la nature intime de l'action nerveuse en général. Si ses argumens offrent un sujet de contestation, parce qu'ils n'ont pas toutes les preuves désirables, ils n'en méritent pas moins une attention sérieuse, car ils se rattachent aux expériences déjà connues de M. *Porett*, qui démontrent qu'on peut au moyen de l'électricité déterminer l'écoulement des liquides au travers des corps perméables, expériences dont M. *Dutrochet* a confirmé récemment l'exactitude dans ses recherches savantes sur l'*agent immédiat du mouvement vital chez les végétaux et les animaux*. Un pareil sujet fournirait sans doute matière à controverse si nous le discutions; mais comme on ne pourrait opposer que théorie à théorie, il nous semble plus convenable de présenter seulement une exposition succincte des opinions de l'auteur.

Depuis que les expériences galvaniques ont montré qu'on pouvait reproduire, au moyen de courans d'électricité, la plupart des phénomènes dont les nerfs sont les agens, on s'est assez généralement accordé à regarder l'action électrique comme la cause la plus probable de tous les effets qui résultent de l'influence des nerfs chez les animaux. Toutefois, les divers essais tentés pour éclairer la théorie des fonctions du système nerveux, par l'intermédiaire du galvanisme, n'ont, à la vérité, fourni encore à la physiologie que des données incertaines et tout à fait insuffisantes. Cela tient uniquement, suivant M. Bachoué, à l'obscurité où l'on est resté sur les conditions organiques au moyen desquelles le fluide nerveux galvanique se développe dans les animaux: obscurité qui, nécessairement, s'est étendue sur toutes les circonstances des phénomènes qui suivent le développement de ce fluide. C'est en s'aidant des lumières que les découvertes récentes de la physique ont répandues sur quelques unes des conditions qui mettent en jeu le fluide galvanique, que

M. Bachoué a tenté de soulever en partie le voile qui couvre la source de ce phénomène qui est peut-être le principe de toute action vitale. Vous jugerez, messieurs, jusqu'à quel point l'auteur s'est approché de la vérité.

On sait que M. Becquerel a constaté dans ses recherches électro-chimiques, que *lorsque deux substances en communication l'une avec l'autre par un fil conducteur, exercent simultanément une action chimique avec une troisième, il se développe un courant galvanique qui se dirige toujours de la substance où cette action est la plus forte, vers celle où elle l'est le moins.* Or, on peut facilement démontrer, dit M. Bachoué, que des conditions exactement semblables se trouvent réunies pendant la vie dans les animaux pourvus d'un système nerveux. En effet, les masses centrales de ce système ne communiquent-elles pas par des conducteurs, les nerfs, avec toutes les parties de l'organisation de l'animal? Ne s'exerce-t-il pas continuellement dans tous les organes une action chimique simultanée par l'abord du sang artériel dans leur tissu, comme le prouve sa transformation constante en sang veineux? Et ne sait-on pas d'ailleurs que le fluide électrique se met nécessairement en évidence toutes les fois qu'une action chimique quelconque se produit.

Le principe reconnu par M. Becquerel trouve donc ici son application tout entière; par suite de l'action chimique qui résulte de la nutrition dans tous les organes, le fluide électrique se développe, et il existe ainsi dans chaque cordon nerveux un courant galvanique continuel, allant de son extrémité centrale vers son extrémité périphérique, ou de celle-ci vers la première, suivant que l'action chimique d'où ce courant émane, prédomine à l'une ou à l'autre de ces extrémités.

Telle est, messieurs, l'idée fondamentale

du travail de M. Bachoué : elle repose sur un rapprochement qui , s'il n'offre pas à tous les yeux le même degré d'exactitude, n'en est pas moins fort ingénieux. On voit que l'auteur touche ainsi aux questions de l'ordre le plus élevé, et qu'il semblerait que l'œil investigateur de la science ait entrevu, pour ainsi dire, la cause immédiate de la vie. Nous savons, en effet, que plusieurs faits d'analogie tendent à faire penser que le principe de la vie n'est qu'une modification de la cause des forces électriques. Sans poursuivre toutes les conséquences qui découlent de cette théorie, nous nous bornerons à l'appliquer, pour exemple, à quelques unes des fonctions de l'économie. Examinons le cas où l'action chimique prédominant dans les parties centrales du système nerveux, le courant galvanique qui en est la suite inévitable se dirige vers les organes avec lesquels ces centres correspondent par le moyen des nerfs.

On sent que les effets doivent être différens, suivant les parties où les nerfs se
distribuent, et suivant la manière dont ils
s'y terminent. Ces effets sont nuls quand
les nerfs s'épanouissent à nu en membranes ou en papilles comme dans les organes
des sens et aux surfaces cutanée et muqueuse, attendu que l'action chimique
s'exerçant sur la substance nerveuse même,
les deux variétés de fluide galvanique peuvent se réunir sans avoir aucune partie à
traverser. Mais il en est tout autrement si
les nerfs, au lieu de se terminer à nu, se
perdent dans la substance même des autres organes, comme, par exemple, ceux
qui se terminent dans les muscles, le cœur
et les autres parties de l'appareil circulatoire. L'action chimique ne s'exerçant plus
sur la substance nerveuse immédiatement,
le courant galvanique qui en résulte est
obligé de traverser les fibres qui composent ces organes, et d'en déterminer la
contraction. N'est-ce pas là, dit M. Ba-

choué, la source des mouvemens constans et réguliers par lesquels le cœur et les vaisseaux entretiennent la circulation du sang? Ces mouvemens se succèdent, comme on sait, sans interruption, et l'on en conçoit aisément la raison, puisque, par leur moyen, le sang aborde continuellement dans le tissu des organes qui les produisent, ainsi que dans les centres nerveux avec lesquels ces mêmes organes communiquent par le moyen des nerfs, et que, par l'action chimique simultanée qui en résulte, il se développe un courant galvanique qui les renouvelle sans cesse.

La succession continue des mouvemens par lesquels le sang circule, est donc liée à la succession également continue de ces deux phénomènes : 1° L'impulsion de ce liquide dans tous les organes; 2° le développement d'un courant galvanique par l'action chimique qui suit son abord dans leur tissu.

M. Bachoué passe ainsi en revue les divers actes organiques de l'économie, et en explique plus ou moins heureusement le mécanisme par l'application des mêmes vues théoriques. Nous ne le suivrons pas dans tous ces développemens, dont les détails, d'ailleurs assez abstraits, exigeraient, pour être bien compris, une exposition moins succincte que celle que comporte un semblable rapport; nous nous contenterons d'indiquer la conséquence générale à laquelle l'auteur est naturellement conduit par sa théorie.

Les animaux, dit-il, peuvent être considérés comme des groupes d'élémens simples communs à toute la matière, élémens qui, doués chacun d'une portion donnée des forces générales qui régissent l'univers (par l'affinité chimique que la présence de ces forces y fait naître), agissent et réagissent continuellement les uns sur les autres, et déterminent par cette action et réaction la production de tous les effets

dont l'ensemble constitue l'existence physique et vitale de ces mêmes animaux :
d'où suit, conséquemment, d'après M. Bachoué, qu'on peut ainsi définir la vie :
*L'ensemble et la succession plus ou moins
prolongée des effets qui, dans les animaux,
résultent de l'action chimique que les élémens
qui les composent exercent continuellement les
uns sur les autres.*

Sans doute cette définition est l'expression exacte des principes que l'auteur a
développés, mais ces principes ne reposent
pas sur des faits, et ne sont jusqu'à présent
que les résultats d'une théorie séduisante
par sa simplicité et par la facilité avec laquelle elle explique les phénomènes les
plus complexes de l'organisation.

M. Bachoué, appliquant cette théorie à
la pathologie, pense que toutes les maladies reconnaissent une même source qui
réside dans les actions chimiques contre
nature qui s'opèrent dans la constitution

matérielle des êtres organisés. Cette partie de son travail nous a paru plus faible que la première, et aurait besoin de développemens plus étendus (1); elle est, si l'on peut dire, beaucoup plus hypothétique et n'offre pas de rapprochemens aussi satisfaisans. Nous ne nous y arrêterons pas davantage.

En résumé, le système physiologique

---

(1) Dans l'ouvrage qu'on vient de lire, j'ai beaucoup modifié les idées pathologiques que j'avais d'abord trop laconiquement présentées. Voulant répondre autant que possible au désir manifesté par l'académie, j'y ai apporté de nombreuses corrections, et ai pris soin surtout d'y donner assez de développemens. Il sera facile de juger que mon système pathologique est une conséquence nécessaire de mon système physiologique, et que l'un et l'autre offrent le même degré de certitude. Les progrès ultérieurs de la science décideront, du reste, si j'ai pensé juste, ou si je n'ai fait qu'errer dans le vaste champ des hypothèses, *(Note de l'auteur.)*

qui vient de nous occuper, est bien lié dans toutes ses parties; mais malgré les probabilités qu'il peut offrir sous certains rapports, on ne doit le considérer que comme une hypothèse ingénieuse jusqu'à ce que les principes qu'il renferme soient convertis en vérités susceptibles de démonstration par des expériences directes. Toutefois, il décèle dans son auteur un véritable talent; aussi votre commission vous propose-t-elle de déposer ce travail honorablement dans vos archives, et d'adresser une lettre de remercîmens à M. le docteur Bachoué en l'engageant à tenter une série d'expériences propres à vérifier et à consolider la théorie qu'il propose.

Signé ADELON, CLOQUET, et OLLIVIER, *rapporteur.*

Lu et adopté en séance, le 24 juin 1828.

Le secrétaire de la section,

Signé ADELON.

Le secrétaire perpétuel certifie que ce qui précède est extrait du procès-verbal de la séance de la section de médecine du 24 juin 1828.

Paris, le 3 mars 1829.

Pour le secrétaire perpétuel absent,

Le secretaire de la section de médecine,

ADELON.

TABLE

DES MATIÈRES.

Paris, imprimerie de Gaultier-Laguionie.

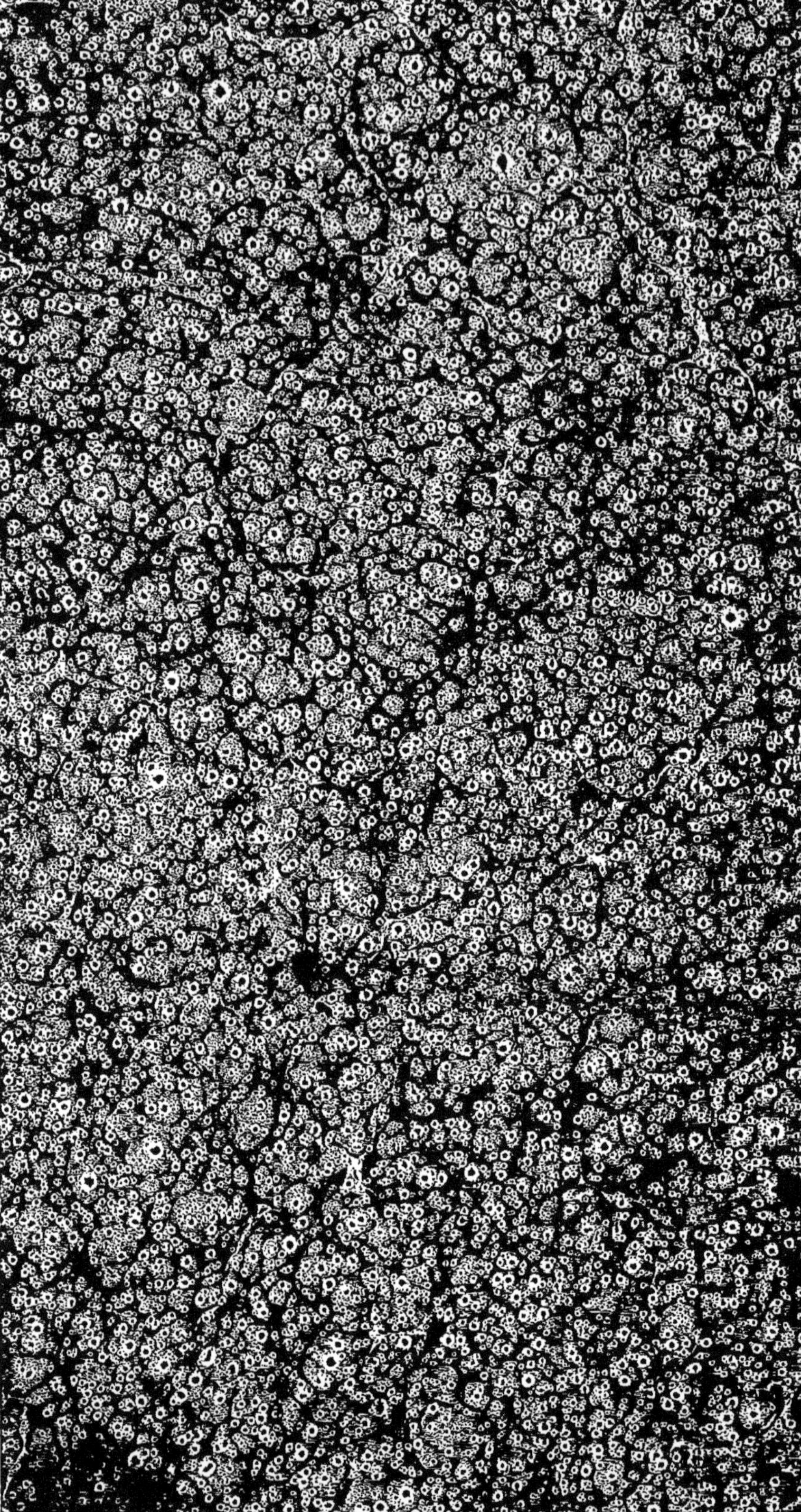

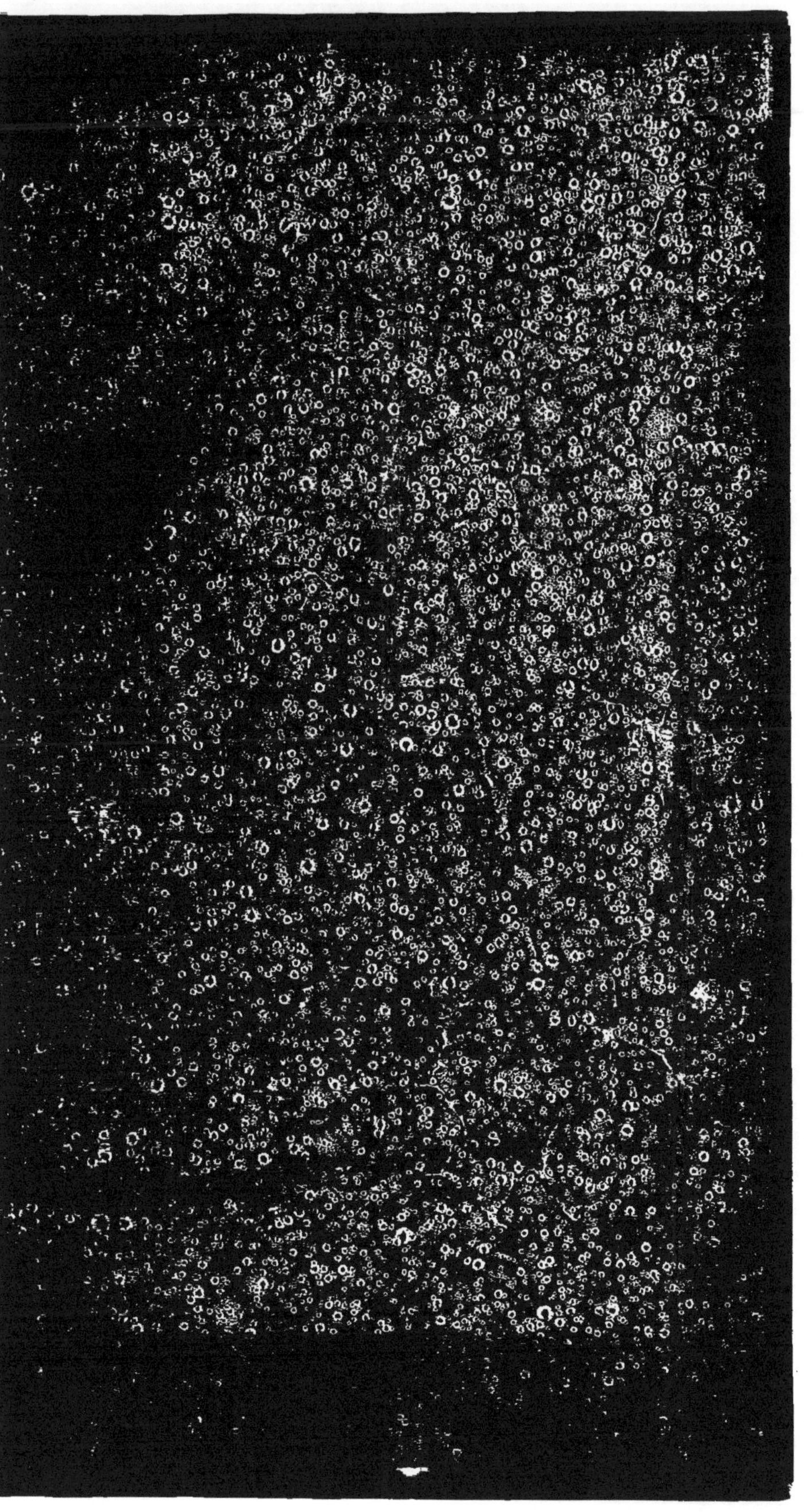

9 782016 147313